OVERDRESSED

The Shockingly High Cost of Cheap Fashion

快時尚・慢消費

Elizabeth
L. Cline

伊莉莎白・克萊——著

陳以禮——譯

原名：買一件衣服要付多少錢？平價時尚的真相

contents

推薦序

慎選衣著（slow clothes）

蔡淑梨／輔仁大學織品服裝學院院長

「慎選衣著的運動要成功，其產品品質、創意、獨特性及與消費體驗各方面，就必須比連鎖快時尚服飾的衣服更優異；也要比行銷手段五花八門的名牌設計師更出色才行。」這是作者伊莉莎白・克萊（Elizabeth. L. Cline）的結論。作者描述過去一百年，在全球化趨勢下，全球紡織成衣業與成衣品牌快銷品的全球供應鏈流轉、服飾消費心態與購買行為對社會環境、經濟、人權的深遠影響，有史詩的格局，卻也有現場實證的個案訪談。

她實際走訪時尚周的主舞台，試著捕捉一世紀前曾是紐約市雇用人數最多的成衣產業；她也追蹤到染紡業的聖地南卡羅萊納州及洛杉磯休閒運動服飾聚落；她更偽裝成買家下單親身進入中國和孟加拉現場。作者生動描繪出產業追逐低成本和市場競逐的現況與操作，不再是比較利益下的理性經濟選擇，而是為了競爭要壓低成本的同時，卻嚴重忽略外部社會成本的真實樣貌，更遑論購買後穿過即丟所產生的再次污染與浪費。

紐約客克萊興起本書的寫作計畫，因為她隱約感受到「平價快速時尚」不只是浪費、劣質、血汗的問題；也將對文化與品味構成本質性的摧毀，但一般大眾仍樂此不疲。當克萊自己認真盤點衣櫃時，發現衣櫃裡不含內衣褲竟共有三百五十四件，「多到可以開店」，這都是拜「平價時尚」之賜。價格因為這些產品不斷壓縮到可以穿過即丟，甚至沒穿過，因為便宜而衝動購買丟掉也不覺得可惜。

拜供應鏈資訊科技及營運模式的「創新」所賜，流行採購周期從每年每季到每兩周一個循環，這究竟是常民的福音，還是詛咒呢？平價時尚助長人們對物欲的貪執，也讓自己的生活變加法甚至是乘法，不但淪為物質的奴隸，更無法珍惜尊重物品！一件看似簡單的衣服其實是千萬人努力的成果，就有如盤中飧，粒粒皆辛苦！我們能否感恩每一件擁有的物件，也決定了我們能否有更快樂的人生及和諧的社會！

二〇一一年，山下英子提倡的「斷捨離」，「斷」是斷絕不需要的物品；「捨」是捨棄多餘的廢物；「離」是脫離對物品的執著。我們所擁有的物品及對物品的態度，實際反映出我們是怎麼樣的一個人，以及當下的身心靈狀態。當我們克制不了購買衝動時；當我們面對擠到爆的衣櫃仍然覺得永遠少一件時；當透過不斷採買來宣洩壓力或空虛時，就透過「斷捨離」的方式來改變，一旦環境變得乾淨清晰，我們的心靈自然會有一番新氣象，也慢慢了解適合自己的穿著是什麼；逐漸就能穿出自信，穿出自我風格！法國女人為什麼只需要十件衣服來穿搭，就能擁有自我風格與獨特魅力，源自於她擁有自信的身心靈（健康），對美感的敏銳度（時尚）以及優雅的鑑賞力（品味）！簡約、經典、美感、永續、剛剛好、不浪費，才是當今潮流的新常態！

輔仁大學織品服裝系經歷四十七年歷史興革，終於在二〇一七年八月一日正式成立的織品服裝學院，本就以永續時尚理念的傳道者與推動者自許，一路走來，始終如一。而在傑出校友王國媚女士資助下，輔仁大學在過去的一年，推動創新的王國媚新浪潮運動，就是本著這個精神與永續的目標，向社會大眾發聲，從健康、時尚、品味等議題來鼓動思維與行動的新浪潮，藉由台灣各界頂尖的文化創意人與生活趨勢先驅者的慷慨分享擴散，讓民眾也能把美好活在日常！

品味與氣質不必然是用錢打造出來的，聰明的女人不用花太多錢買太多衣服，就能展現自我的獨特風格！地球只有一個，每個人只要起心動念，萌發我要改變的念頭並付諸行動，你的一生將會有意想不到的轉變與收穫，讓我們一起重新思考自己所要的人生！

推薦序

巨量的善意 可能帶來毀滅

楊宗翰／Freegan人氣作家

收到推薦序文邀約的當下，我正在希臘雅典跟一群難民們一起生活，我的褲子剛好在前一天破了一個大洞，是那種從大腿一路裂到膝蓋，幾乎像是開高衩的那種……。

「你的褲子壞掉了。」好幾個敘利亞的小男孩特別來提醒我。

我對他們笑了一笑，謝謝他們的提醒，告訴他們我會想辦法的。其中一個小男孩拉著我到衣物間，指著裡面的衣服叫我去看。

在我眼前的，是一個一個的籃子，上頭貼著「男性襯衫」、「女性裙子」之類各式各樣的標籤，基本上不管是男生、女生、小孩、青少年；冬季、夏季；衣服、褲子到鞋子、襪子，應有盡有。

旁邊的志工跟我說，這些衣物有些是之前的難民離開後留下來的，有些則是附近的住戶要捐給難民的。

「不過反正這些衣服真的太多了，你看到用得到的就直接帶走吧。」

我在裡頭翻翻找找了一陣，好不容易找到一件可以勉強符合我腰身的牛仔褲，相對一般歐洲男性來說，我腰圍有點太細了……因為沒有皮帶，所以我將腰包上的背帶取下，扣在腰上，瞬間變成一個很不正式的皮帶。

我很喜歡這件褲子，不單單是因為它救了我，最主要的原因，是我很清楚，如果我不帶走，這件褲子很可能就不會有人再穿了。

隔天，為了整理嚴重過剩的衣服，我們花了好幾個小時重新整理、分類，然後當天晚上，我丟了一兩百公斤重的衣服到街角的垃圾桶裡……因為衣物間實在是裝不下了。

許多人會覺得：「哎呀這樣好浪費啊，這些衣服如果能夠捐給有需要的人那該有多好啊？」

然而，這就像是食物的問題一樣，我們常常以為，我們捐出去的食物，總會有非常飢餓貧窮的小孩滿懷感激地來吃下肚；我們捐出去的衣服，總會幫助到那些買不起衣服在寒夜裡受凍的街友或難民……。

但現實是，人們從快速時尚所購買的便宜服飾，根本沒有辦法幫助到有需要的人。從前衣服少，品質好，如果衣服不穿留給別人還是可以穿；如今衣服的數量跟種類都暴增，品質卻越來越差，極度大量的二手衣物裡摻雜著大量根本不適合捐給別人的衣物，要將這些衣物分類所需要的成本也越來越高。就算真的捐到了開發中國家，這種過於巨量的「善意」近期也被證實反而毀滅了當地的成衣產業。

《快時尚，慢消費》裡很完整的從個人到整個產業鏈、從消費端、生產端到回收端來描述整個快速時尚。看到書中描述慈善二手衣回收中心每天報廢好幾噸的衣服真的讓我有嚇到……。

我是個對時尚完全沒有概念的人，我身邊大概沒有幾個朋友像我這樣這輩子從來沒有去買過衣服的……然而，我衣櫃裡的衣服卻仍然多到我永遠都穿不完，我並不是真的不喜歡新的衣服，只是我不希望我現在穿的衣服因此被取代，甚至被丟掉。

我們現在的衣服便宜到前人完全無法想像的地步，但是所需負擔的代價卻也高得令人難以想像，曾幾何時，不過只是去買一件便宜的衣服，竟然會造成一個國家的勞工失業，同時助長著另一個國家的勞工被血汗剝削。

最近，因為食安問題，人們已經開始會關注食物是從哪裡來的了，但仍然很少人在買衣服時會去想到衣服從哪裡來的，材質會不會傷害環境，這並不是在叫大家從此以後都不要再買衣服了，而是先從關注衣服是怎麼來的開始，然後去思考我們還有什麼選擇。選擇其實很多，可以去二手商店買二手衣，可以試著跟其他朋友共享衣櫃，也可以試著拿舊衣服自己裁縫做成更適合自己的新衣服，或是最近也有人在嘗試用衣櫥醫生的方式，到人們家裡，透過穿搭及收納的方式讓大家衣櫥裡的衣服能夠被更有效地利用。

在台灣做免費商店到現在，收到最多的東西，真的就是衣服，我現在身上穿的衣服和鞋子，都是從免費商店來的。免費的選擇其實是很重要的，如果今天人們需要衣服時，能夠在免費商店找到，那他就不需要去購買，製作那件衣服所需要的資源跟人力，也就能夠被省了下來，同時，如果今天我們有免費的選擇，卻還是選擇花錢去購買新衣服的時候，應該就代表著我們是真的喜歡那一件衣服，而且會好好珍惜這一件衣服。

「但如果我很想要一件衣服，但是免費商店裡面沒有，我又不想要買的話怎麼辦？」我想到之前有人問我這樣子的問題。

「嗯……那你應該不夠想要。」

「If you wouldn't pay for the full price, you probably don't need it.」

「如果你不願意用原價購買的話，你應該就不是那麼需要。」

這是我最近在網路上看到一句非常有感觸的話，知道快速時尚的代價以後，人們也許不會停止消費，但我相信，他們自然而然會試著更有意識地消費的。

前言

七雙單價七美元的鞋子

二〇〇九年夏日某一天，我站在曼哈頓艾斯特街（Astor Place）附近一家凱瑪百貨（Kmart）的一排貨架前，這個地方曾經是沃納梅克百貨（Wanamaker's）的一部份。沃納梅克的裝潢有如中世紀皇宮，販售巴黎高級流行服飾等各種精品，但如今沃納梅克不復存在，取而代之的是凱瑪。

貨架高過我的頭，上面的帆布鞋（其實只是一片橡膠裹著一片棉質布）像是果子般垂掛著，讓我誤以為它們是長在金屬貨架樹上。這些鞋子沒有名牌的光環、沒有故事性，只能說它們就是那麼神奇地出現在那個地方。讓我更難以置信的是，每雙鞋子的標價竟然從十五美元折扣到七美元。這個價格觸動了我的神經，讓我心跳加速。恢復理性之前，我的購物籃已經放了七雙帆布鞋站在收銀台前。不消說，這又是一趟滿載而歸的大採購。

提著兩大袋戰利品搭地鐵讓我的手很痠痛，然而過沒幾星期，部份鞋子像地表橫切面一樣分家了：薄薄的橡膠底與不耐磨的帆布形同陌路。我受夠了這種品質，而且在其他鞋子還沒穿壞之前又出現另一種流行款式，只好任由剩下的兩雙帆布鞋擺進鞋櫃。

幾十年來，服飾的平均售價急速下滑，平價成衣也給人一種完全不同的形象，不再意味著必須在風格、品質上讓步，在平價服飾專賣店消費已成為眼光獨到、務實又廣為接受的做法，日常生活也常聽到哇噻的讚嘆聲，然後在服飾店裡血拼一番。在某次生日派對上，我的大學同學把一個外觀有點縐褶的金絲雀黃提包使勁推到我眼前誇耀著說：「只要五美元！」另一位朋友前一陣子透過即時通向我炫耀：「我剛剛花了十美元買下一件標價五十美元的洋裝，還用三十美元買下另一件標價六十美元的……」現在連時尚雜誌、小眾媒體與晨間脫口秀節目，也都會定期出現怎樣花小錢搞定裝扮的報導。

過去十年我只買平價成衣，而且大都到H&M、Forever 21、Old Navy、標靶百貨（Target）四家平價服飾專賣店，當時無法想像這些店有什麼展店空間；另外有些衣服是到羅斯（Ross）跟麥克斯（T.J. Maxx）這兩家折扣商店，當然也會到人氣很旺的連鎖店優衣庫（UNIQLO）跟西班牙的ZARA採購。H&M、ZARA跟Forever 21這三家零售業者以追求快速時尚著稱，不但能持續穩定地把最新潮流的服飾上架，也非常清楚怎樣吸引消費者入店消費，而且已經從季節性規劃調整成讓消費者更頻繁到店消費的銷售模式。

不同地區的平價服飾店略有不同，或許你喜歡去暢貨中心、麥克斯買打折的名牌，或到卡圖（Cato）、夏洛特露絲（Charlotte Russe）、彩虹（Rainbow）、Rue 21快速時尚服飾店，也許你習慣在柯爾百貨（Kohl's）專櫃消費，當然也有可能會去沃爾瑪（Walmart），甚至是達樂公司（Dollar General）這樣單純的折扣量販店採買。不過，這些零售業者都採用平價的服飾銷售策略擠壓競爭對手，逼著獨立經營的百貨公司相互整併，導致中階市場的供應商紛紛倒閉，具有特色的商家若不走高單價市場就只好歇業。平價服飾以其企業形象重新塑造該產業，也深深地改變我們對於穿著的想法。

我們告訴自己買不起高單價的產品，因為景氣仍舊衰退、醫療費用無節制地上漲，還有，你最近看過瓦斯費帳單嗎？其實，很多消費者只是陷入平價時尚的循環而不自知：我們很快地養成花更少錢獲得更多東西的習慣。我的姊姊願意每月付四百美元汽車貸款只為了開好車，但是休想要她買一件超過四十美元的洋裝，我在住家附近咖啡館看過有人手拿一千八百美元的蘋果筆記型電腦，腳上卻穿著在沃爾瑪買的十美元鞋子。美國人每年花在餐館的費用超過治裝費，我們不是沒辦法在時尚服飾上多花錢，而是不知道有什麼理由要這麼做。

每一位經濟學家都會告訴你，商品的售價越低越能刺激消費，現在的平價服飾價位當然能帶動人人能參與的消費市場，單單美國每年已銷售和庫存的服飾總量就近兩百億件。石油跟水資源日益枯竭，巨大的冰山不斷融化，我們已經徹底改變地球氣候。已經處於環境危機的中國，不但是美國大多數服飾的主要來源，現在就連中國人也養成追求時髦的心態，勢必更急於獲取更多纖維材料，和其他引領時尚潮流所需的各種資源。西方時尚產業的問題，很快地會以更劇烈的方式波及世界各地，我們卯起來買服飾又把它當成消耗品的態度，不但對環境帶來更多衝擊，也是無法永續發展的模式。

看看幾個難以置信的數據吧：我的衣櫥裡每件服飾平均不到三十美元，大多數的鞋子不超過十五美元。可以用這麼少錢買到這些服飾，可說是史無前例。一直以來，服飾代表著昂貴、不易生產、尊榮，很多地方甚至把服飾當成替代貨幣。即使進入二十世紀，高價的服飾也珍貴到值得一再修補、保養，大多數人甚至把套裝穿到破損為止。然而，讓服飾物盡其用的心態已經轉變，我們買了很多不會穿或很少穿的衣服。我們已經陷入讓人不安的消費與浪費循環，「永不滿足」就是推動整個循環的引擎。

開始寫這本書的時候，我翻箱倒櫃把所有衣服堆到客廳，包括臥室與儲藏室的衣服，床鋪底下的收納抽屜和地下室三大垃圾袋、兩大巨無霸塑膠箱裡的衣服通通清出。這些衣服堆起來像是一座小山，然後我依照各種品牌或不同的設計工作室，不同的原產地和材質，並盡記憶所及標示出購買年份跟售價，逐一分門別類。整個工作耗去近一星期，幫忙的室友白了我一眼，冷冷地說：「我總算知道這麼多衣服的氣勢有多驚人了。」她的評論好像是說我有收集衣服的習慣，但是我買每件衣服的當下可沒想那麼多，不過就是這邊買一件、那邊買一件而已，但就像是這邊多一點卡路里、那邊也多一點，後果就是逐漸加寬的腰圍，我的衣櫥與生活就這樣被平價時尚佔據了。

體檢報告如下：我有六十一件上衣、六十件T恤、三十四件無袖上衣、二十一件裙子、二十四件洋裝、二十雙鞋子、二十件毛線衣、十八條皮帶、十五件羊毛衣與套頭運動衫、十四件短褲、十四件夾克、十三條牛仔褲、十二件內衣、十一條緊身褲、五件西裝外套、四件長袖襯衫、三條運動長褲、兩條西裝長褲、兩條睡褲與一件背心，這還不包括襪子與內衣褲，總計是三百五十四件。

美國人平均每年購買六十四件服飾，大約每周買一件再多一點點，看起來我還稱不上是極端案例，但是你一定無法想像，這些衣服通通堆在客廳是什麼樣的畫面。三百五十四這個數字，只比美國人平均五年買衣服的總數多一些，而我住進現在這間公寓的時間也剛好是五年，三百多件衣服表示我就是平均水準的美國消費者。

衣櫥裡的收藏品還透露一個不易啟齒的事實：我擁有衣服的件數比家裡其他物品還多，但是我對衣服的認識卻少得可憐。買雞蛋時，我會仔細檢查生產履歷，但是買T恤時，什麼是聚酯纖維、尼龍纖維、彈性纖維，這些現代成衣工業重要的材質卻一無所知，也不知道服飾的剪裁造型、不清楚如何分辨品質好壞，我也不是無所不知的時尚達人，可以一語道破當前潮流趨勢是由哪位時裝設計大師所主導（雖然我希望能跟其他女孩一樣對此瞭若指掌）。朋友聽說我在寫關於服飾的書，都大吃一驚地問：「妳？真的嗎？」然後上下打量我的衣著裝扮，試著找出一絲時尚痕跡。重點是，我們不需要敏銳的時尚嗅覺，即使是時尚服飾的門外漢，都有辦法買下為數眾多的衣服。

新聞報導不斷地指出，持續消費將能擺脫經濟衰退，不過，對於曾經佔美國製造業相當重要的成衣紡織業而言，這句話的說服力恐怕得打折扣。美國國內成衣紡織業的產能在一九九〇年佔全國總供應量約百分之五十，目前只有百分之二，因為由其他國家生產我們的平價服飾。商機不再的成衣紡織業，導致國內薪資水準衰退與中產階級瓦解，同時造成失業問題，尤其是經濟條件相對弱勢的勞工。我們現在必須投注大量資金與職業訓練，才能讓美國成衣紡織業回復足夠實力與其他國家競爭，特別是中國，這個產量約佔全美市場供應量百分之四十一的國家。我曾經前往中國參觀成衣工廠，不僅對他們熟練的生產技術感到震撼，也對美國消費者的生活形態居然能擴散到如此無遠弗屆感到訝異。

許多以時尚為主題的書籍，都會先以一段為什麼該重視時尚產業的說明文字作為開頭，我打算反其道而行，力陳時尚產業的壞名聲其來有自。這是一個全球規模上兆美元的龐大產業，對我們的荷包、自我形象與收納空間，都有舉足輕重的影響，可是卻難堪地對環境與人權議題著墨甚少。這個產業不斷改變我們怎樣穿才叫做得體的規則，讓我們自己也在變化莫測的潮流中失去自我的觀感，每年都要在數不盡的配色、圖樣與款式上舉棋不定。我們通常買的都是基本款的衣服，像是最新潮色系的無袖上衣與毛衣，簡單裝飾的短袖上衣，或是新款式的牛仔褲，然後一再重複相同的行為，就只因為衣櫥裡的衣服與當季流行有些細微差異。

各種品牌或不同的設計工作室，搖身一變成為風格與品味的代言人。去購物中心選購超低折扣品牌服飾的路程，平均一趟來回要六十英里，另外還要加上開車的油錢與過路費。我們得在標靶百貨、梅西百貨（Macy's）、H＆M門前排隊，有時還得漏夜排隊才能搶到店內仿製凡賽斯（Versace）、米索尼（Missoni）奢侈名牌的平價衣服。我們完全不清楚買的衣服材質值不值那個價錢，時尚產業已經分裂成特別高檔與特別低檔兩種不同的成衣市場，消費者被迫在尊榮貴賓或競標達人之間做出選擇，中間沒有灰色地帶。隨著高檔服飾的標價已經高到離譜的境界，購買平價成衣已經成為大多數人不得不的選擇。

時尚產業應該彈性回應消費者需求，然而全球時尚產業鏈卻試圖銷售精心安排、同性質高的潮流商品以規避風險，因此我們可以在不同零售商店的貨架上看到一再重複的商品，讓消費者在逛街時難以區別不同店家的差異。半世紀以來，採用平價競爭手段的結果迫使服飾業忽略在品質、剪裁與細節上尋求表現的空間，最後使每個人都不情願地把七拼八湊的簡單設計穿上身。不過在二十多年前的成衣業就不這麼僵化，當時消費者的選擇空間沒有被侷限在如此狹窄的範圍內，也不用擔心會買到差勁的衣服。

時尚服飾是個古老的產業，但事實上卻是一個不斷求新求變的產業。成千上萬熱門、新穎、消費者負擔得起的服飾，可以在幾星期或幾個月內從設計概念變成貨架上的實體商品，除了稱為現代奇蹟之外，很難再找到更好的形容詞了。這段期間要畫好設計稿、取得共識定案、採購生產所需的布料，透過全球物流體系讓商品上架之前還要靠手工縫製衣服。如果說時尚產業的目的是：將新的流行概念轉換成人人買得起的商品，則這個產業專業化的程度很難讓人忽略。

由於平價服飾的緣故，追求流行已經成為大眾文化，可以讓每個人只花很少的錢就達到目的，但是流行趨勢的消退速度很快，就讓時尚服飾業者掌握了刺激我們消費的商機。從流行到退燒的循環速度越轉越快，歷史上從來沒有任何時候比現在擁有更多的流行趨勢，我住在布魯克林時親眼目睹流行趨勢擴散的方式：某個星期才看到少部份人穿類似水手服的藍白色條紋襯衫，但兩個月後幾乎每五人就有一位穿這種衣服。過去幾個月，相同的情況發生在高腰短袖上衣、連身褲裝、中空露肚裝、高統靴與花紋洋裝。

時尚品味會攤在大眾面前，每個人都看得出哪些人跟不上流行腳步，想要跟上最新潮流，意味著我們必須頻繁地消費。麥克斯連鎖店最近聘請一位名叫琳賽的服裝設計系學生充當模特兒，在廣告中喃喃說著：「我從不穿同一件衣服兩次！」麥克斯要我們相信，就連阮囊羞澀的大學生也會天天買一件新衣服。同樣地，名人也不會被拍到穿同一件衣服兩次。能夠引導潮流的都是頻繁改變自己外觀造型的人。

可以說，我們已經進化到時尚民主的時代，每個人都負擔得起打扮時髦、追求時尚的代價；這是什麼樣的感受呢？探討這個主題就是我動手寫這本書的原因。我在追求時髦的時候，盯著平價衣服的標籤時實在無法因此更喜歡自己的衣服，衣櫥裡的衣服只讓我覺得自己既被動又無主見，根本沒有因此變得更會打扮。為了一個自己所知有限的習性，我不僅耗費太多時間，也浪費家裡太多空間。為什麼會有人對服飾了解這麼少，卻又擁有那麼多衣服呢？

人們通常會設法了解自己擁有的物品，而這正是我所欠缺的。我們對時尚服飾的選擇的確具有不同意義，也會對社會造成不一樣的影響，因此我試著深入了解這一切。時尚服飾的供應鏈遍布全世界，美國境內只佔其中很少的一部份，因此我們不了解時尚產業對環境與美國就業市場造成哪些傷害。這些成本顯然不會呈現在平價標籤上，我必須前往美國以外的地區才能拼湊出時尚服飾產業的全貌。

我們日常生活都跟服飾脫不了關係。衣服是基本的必需品，不僅如此，衣服與潮流也是我們日常生活中的一塊拼圖。時尚服飾產業是組成經濟體系的基本元素，毫無疑問，也是除了飲食以外的第二大消費領域。醒目的穿著、得體的打扮，甚至是談論穿什麼的話題，早在時尚服飾產業之前就不斷流行著，這些價值觀當然也可以獨立存在於時尚服飾產業之外，我們當然也可以用不同於設計工作室的誇張標價、折扣服飾的品牌，或者是伴隨而來的平價流行趨勢，定義我們衣櫥裡的內涵。

如果我們不要滿腦子想著買最新潮、最平價的衣服，而是更認真看待自己身上穿著的話，服飾會變得更有意義也更耐久。雖說用長遠的眼光添購衣服，量入為出並把錢花在真正的精品上，學會鑑賞縫製完美的摺縫，重視布料的質感，對衣服進行修補或改裝等等是老一輩的習慣，但也不失為最能解決單調、盲目追求平價衣服的一劑解藥。如果有更多人重拾日漸凋零的縫紉工藝，與社區的裁縫師建立頻繁的互動，就能成為自己的時尚設計師。

我不是只從歷史中找出該如何穿著打扮，就率性地將這些方法投射到未來。由於先進科技、更進步的成衣生產模式，以及開發出對環境更友善紡織品的緣故，我們現在絕對更有能力在不犧牲風格的原則下進行設計。事實上，如果不考慮滿足企業股東的壓力，或者不用定期高調推出讓人炫目的新品服裝走秀，我發現，具有職業道德的設計師最願意對特殊、觸感奇特的布料下功夫，他們是時尚服飾業最具創意的一群人。

在我用超大塑膠袋沿著第二大道拉著那些帆布鞋回家後幾天，羞愧地回想自己購物行為是如何養成的。其實是不久之前，約九〇年代中期，全球成衣鉅子開始發揮影響力之時。不過那時候的服飾仍舊昂貴，屬於半年採買一次犒賞自己的商品。就讀中學時，我會跟朋友一起分享新衣服，讓彼此的衣櫥內容看起來更壯觀一點，不過我更常去二手商店買衣服，不只是因為價格考量，也是因為那邊充滿可遇而不可求的尋寶樂趣。我喜歡在基督教救世軍主辦的活動中挖寶，試著找出可以裁剪的T恤或是撕成碎布條重新造型的褲子。小時候我母親就有一台縫紉機，我還記得偶爾會把衣服送去裁縫師家裡改短或加長。

行筆至此，透過往昔在衣服上建立起一輩子人際互動的描述，我要表達的想法應該很清楚了：我們曾經像管家一樣細心照料自己的衣服。在地下鐵拉著裝滿帆布鞋的超大塑膠袋，那尷尬的場面再加上發願要改變自己的生活方式，要真正喜歡並了解服飾的想法，已經足以讓我展開本書的旅程。我在這趟旅程中發現平價時尚真正要付出的代價為何，拜會許多人士之後，最終總算在無止盡追求平價服飾的懸崖邊勒住韁繩。

Chapter 01

我的衣服／多到可以開店

「雖然我已經有一件看起來差不多的西裝外套了，但若不是標價四十五美元，我一定買下來。」康賽爾（Lee Councell）站在紐約蘇活區一家擁擠的H＆M服飾店裡，向那群漂亮、愛買衣服的女性友人陳述自己應不應該再買一件西裝外套：「我愛死西裝外套了，我喜歡西裝外套搭配洋裝的裝扮，不論夏天還是冬天都會這樣穿。」康賽爾接著言詞閃爍，像是在替自己愛買衣服的習慣找理由，又強調帥氣的外套裝扮有多少實用價值。

二十三歲，有一雙大眼睛，身材凹凸有致宛如名媛金．卡達夏（Kim Kardashian）的康賽爾告訴我，她已經收藏十六件西裝外套，其中至少有一件跟H＆M店裡那件一樣是象牙白，不過在康賽爾的字典裡沒有「衣服太多了」這些字眼，「我的朋友都說，我的衣服多到可以開一間店了。」

我們一起走過H＆M店門口的時候，康賽爾就像是獵鷹般盯上模特兒身上的西裝外套，認真地告訴我：「我覺得會看見這件衣服就像是天注定似的。」經過五分鐘搜索，她發現那一系列服飾陳列在靠窗的地方，標價比H＆M平均售價高出許多（H＆M是來自瑞典的平價服飾連鎖店，在美國擁有超過兩百家分店。）康賽爾用手指磨了磨衣服布料，然後很有把握地說：「嗯，這衣服料子不錯。」而我卻看到衣服上的標籤寫著：百分之百聚酯纖維，還發現這件西裝外套不但沒有內襯，而且還是用塑膠鈕釦，不過我知道她那句話的意思是什麼。

購買趕時髦的平價服飾時，必須採用相對性的概念來看待品質的好壞，而最佳的衡量標準就是耐不耐洗，也就是它的料子可以讓你洗幾次後才起毛球或是被染色，再一段時間之後整件衣服才會變形，或者掉顆鈕釦還是縫線開花。「這件衣服有多厚？有多耐穿？」康賽爾講得更明確：「我還真的買過一些衣服只洗一次就再見的。」在平價時尚的年代，所謂耐穿只要維持到下一波時尚改朝換代就可以了。

康賽爾已經對這件陳列在H&M的西裝外套做出判決：她是不會買的。讓她下定決心不買那件西裝外套的原因是價格：標價五十九．九五美元。「我才不會花超過四十五美元去買一件西裝外套！」她的口氣連一點轉圜的餘地都沒有，就把那件衣服又掛回貨架上。事實上，康賽爾願意花的錢比四十五美元還要少。如果你透過YouTube搜尋「My Blazer Collection」會看到康賽爾有一件在沃爾瑪購買、出自麥莉與麥斯（Miley Cyrus & Max Azria）品牌的西裝外套，竟然只要八美元！還可以看到一件緊身黑色、另一件合身灰色的西裝外套，都來自Forever 21（標榜西裝外套很少超過三十美元的服飾店），還有一件細條直紋的西裝外套來自凱瑪百貨（在網路上推出一組五件西裝外套，每件售價不到十五美元的量販店。）

美國人在過去十五年的享受不曾停止也前所未見，衣服的平均價格像自由落體般下滑。我們花在治裝費的金額越來越少，如果用相對於所得比率來看，更是滑落到歷史新低。二〇〇九年，美國消費者只花家庭年度預算額度不到百分之三在服飾上，過去從不曾有過這麼美好的時光。相較於過去幾十年，美國境內幾乎所有物品的價格不斷攀升，不論是住宅、能源、教育、醫療，甚至是電影票價，但同時間的服飾卻是史上最便宜的商品。

買到便宜服飾的例子俯拾皆是，我們都有不一樣的故事可以講。當我在寫這一段文字的時候，我從頭到腳的裝扮如下：從Forever 21花十二．九五美元買來的套頭運動衫，從麥克斯花二十八美元買來的仿皮夾克，從都會服飾公司（Urban Outfitters）花十六美元買來的紅色T恤，從H&M花五美元買來的黑色針織迷你裙，還有一件從美國服飾（American Apparel）花十四美元買來的緊身褲。沒有一件超過三十美元，更別提四十五美元那麼貴了。我個人用來買西裝外套的上限是多少呢？我不像康賽爾那樣有具體的數字，不過從沃爾瑪買一件八美元的西裝外套還滿符合我的風格。

康賽爾的購物哲學很簡單，她說：「如果一件衣服的標價在二十美元以下，說老實話，我一點也不在乎花這個錢。」聽起來很耳熟，跟我的購物哲學差不多，或許也跟你的想法一樣。能夠以最平價格供貨的零售商就能獲得消費者青睞，隨著經歷高失業率、停滯的薪資，以及堆積如山的債務等等問題，我們便成為省吃儉用的消費者。不過，這代表美國人開始追求高品質的服飾嗎？不是！我們只是更常去沃爾瑪之類的連鎖量販店、H&M之類的快速時尚服飾店，或是到暢貨中心消費而已。

信用評等公司標準普爾的產業調查報告顯示，H&M、ZARA和沃爾瑪是這波不景氣中最有價值的三個品牌。意思是，這三個品牌所屬店家最有能力創造消費者前往購物的需求。Forever 21如果公開上市，應該能在排行榜中佔有一席之地，康賽爾最愛這家店，《女裝日報》（*Women's Wear Daily*）的報導指出，二〇一〇年九月該店平均售價是十五．三四美元。H&M是康賽爾的第二選擇，不過她也經常去定期舉行拍賣的梅西百貨，或是沃爾瑪和凱瑪等折扣店消費。後兩者平價促銷的手法，在最近幾年已經逐漸成為主流趨勢。

逛街血拼後，康賽爾從袋中取出新買的衣服摺好並說：「被挑出來的這些衣服不會拍成影片。」原來康賽爾是YouTube的知名人物，她會以消費者觀點拍成影片評論自己新買的時尚服飾，這些上傳的影片類似開箱文，是二〇一〇年成長最迅速的網路影音。知名開箱達人的每支影片都會有上百萬次的點閱記錄，他們也因此獲得時尚品牌與零售商的重視，會主動提供免費商品給開箱達人試用，希望藉由他們的開箱文提高商品的曝光度。

和康賽爾一起購物的姊妹淘都會發表開箱文，這也是她們會認識的原因，不過康賽爾比較特別，她年輕卻很有生意頭腦，完全符合時尚名媛的條件，因此人氣也最旺。她設在YouTube的「MamiChula8153」個人頻道有兩萬兩千多名註冊收視戶，公開接受十多個時尚美妝品牌的贊助，包括一家位於邁阿密的時尚品牌業者會免費提供服飾給康賽爾，換取她製作開箱文影片的機會。

開箱達人可不會無條件替業者說項，康賽爾告訴我：很多人把開箱文影片視為很會花錢的炫耀方式，但如果她某月上傳超過一則以上開箱文影片，她的個人頻道就會充斥各種負面回饋意見。然而這些評論很明顯忽略一個重點，以康賽爾被瀏覽次數最多的開箱文影片「雨天穿搭」（Rainy Outfit of the Day）為例，影片中那件從H＆M買來的毛衣才花十美元，甚至比大多數餐廳的套餐還便宜，連高中生都買得起。

康賽爾在影片中面對鏡頭起身展示毛衣有多長，說著：「這件白色毛衣在這個地方有個大大的蝴蝶結。」接著在胸前比劃一個圓圈。開箱達人並不一定是專家，很多人甚至沒有試穿，不管是洋裝、襯衫還是耳環，用手拎著就直接挑明顯的項目（像是顏色）開講，表示自己是基於哪些細節特徵才決定購買，可見開箱文流行的一個原因是因為平易近人。這些開箱文對於現在流行的休閒文化也發揮推波助瀾的效果：用很少的錢買一大堆衣服。

快時尚快速成長

如果沒有平價時尚作為基礎的話，開箱文的現象是否會這麼普遍？二十年前沒有YouTube、Forever 21，當時就沒有所謂的開箱文。假設二十年前已有開箱文影片，而且製播方式和現在一樣是由年輕女性規律地上傳到網路，那麼這些影片大概每季才會更新一次，而且只會引起非常有限的應援團跟進採購，不會顯著改變美國人消費型態的差異。看這些開箱文一定無聊死了。

平價服飾當然要加上網際網路才能搭起開箱文影片的舞台。經常在官網舉辦兩美元牛仔褲促銷活動的Forever 21，比其他零售業者更常成為開箱文的主角（至少超過七萬次），服飾價格經常跌到零錢水準的H&M、沃爾瑪和標靶百貨在網路上也有上萬支開箱文影片。康賽爾和她的朋友都同意，買得起的商品才是開箱文能夠風行的關鍵因素，「我們不像是會去GUESS、D&G高檔服飾店花七百美元買一件衣服的消費者。」康賽爾的朋友、宣稱已經二十三歲卻身材嬌小的梅麗莎這樣說：「我覺得一般人會喜歡看開箱文影片的一個原因，是因為我們秀出如何搭配平價衣服。很多瀏覽影片的小女孩身上沒有多少錢。」因此開箱達人不是十多歲青少女就是不到二十五歲的年輕女性，這個族群總是設法用有限的預算買更多的衣服。

擱下那件西裝外套之後，這群開箱達人在我的建議下一起前往Forever 21挑衣服。我穿著去年買的靴子和黑色套頭運動衫，跟這群費心打扮的趨勢獵人走在一起感覺自己有點邋遢。我們要穿越百老匯大道人群的時候，康賽爾開玩笑地問我：「妳是個購物狂嗎？」我想我是，而且是最不成材的那一種。我無時無刻都在買東西，卻沒有什麼上得了檯面的個人風格可以展現。

走進Forever 21，店裡的色彩豐富，走少女風的服飾在黑白色牆面襯托下更加耀眼。平價的飾品擺在桌上，當季最暢銷的花紋洋裝與水手條紋上衣，零散地懸掛在貨架上，看起來似乎經歷一場跳樓大拍賣，而亮黃色看板上標示的價格甚至比H＆M更吸引人。若是該店促銷，你只要花三美元就能買一件可以穿去參加派對的禮服。

我不斷地在各種討喜的折扣商品中打轉，卻不知不覺與康賽爾一夥人走散了。標榜年輕、誇張服裝風格的Forever 21跟傳統時尚互打擂台，像是六英吋的豹紋高跟鞋，或是從上到下都用蝴蝶結跟亮珠妝點的服裝，這些都是吸引消費者目光的炫麗服飾，可是卻都不耐穿，特別是對輕熟女消費者而言。我瞥見一件全黑的無袖洋裝，上面有八〇年代油漆刷風格的圖樣。這件洋裝用黑色的彈性材質做內裡，讓它具有一定程度的重量，十九．八美元的標價也相當合理，以耐洗程度來衡量的話，料子的品質算是可以接受，就算沒辦法撐過一波流行周期，買下這件洋裝仍舊非常划算。

康賽爾另一位友人卡琳出現在我眼前，正在排隊購買標價二十．八美元、白底有藍色水手條紋的帆布包。「這個帆布包很適合帶去海邊，」這是她買下的原因。我把那件黑色洋裝拿給她看，她用認可的語氣說：「嗯，看起來很可愛。」這的確是不著邊際的對話，我們根本沒討論出一個花錢買東西的好理由，如果一件衣服的標價在二十美元以下，說老實話，我一點也不在乎花這個錢。

范米特（Jonathan Van Meter）在《時尚》（*Vogue*）雜誌發表一篇名為〈快速時尚：美國人迅速簡便的穿衣之道〉的文章，頗有先見之明地預視上述的場景。范米特當時談的是一九九〇年，而且更神奇的是，他居然以GAP服飾為例。這些年來，該公司一直被視為沉醉於往日榮光的連鎖服飾店，不過二十年前它可是美國有史以來最炙手可熱的服飾品牌。

根據范米特的觀點，美國人過去一直受金錢或地理因素所限，無法取得具有質感、製作精美的基本款服飾。這麼說實在有點扭曲歷史，當年廣受歡迎的高檔設計名牌，例如雷夫羅倫（Ralph Lauren）和凱文克萊（Calvin Klein）也跟GAP一樣銷售基本款服飾，只不過後者曾經顯得更物美價廉。以一九九〇年的幣值計算，一件全黑的T恤要價十一美元，牛仔褲大約三十美元，高領毛衣則是二十三美元，不過它卻在上流社會流通的雜誌上打廣告、透過名人宣傳效應，或是透過店裡無所不在的看板告訴消費者，買一件平凡無奇的T恤或是牛仔褲就是取得進入時尚城堡的必備之鑰，換句話說，它主打的客層其實是時尚圈外的美國大眾。

GAP也是最早讓消費者頻繁回店消費的零售商之一。加州時裝協會（CFA）會長、九○年代曾任職該公司協力廠的梅契克（Ilse Metchek）回憶：「他們每個月都會推出新的服裝色系。或許看起來是相同的毛衣，不過每個月主打的色系都不一樣。」消費者接著就會搶購最新推出不同色系的高領毛衣。梅契克說：「他們的採購數量以數十萬起跳，訂單相當穩定。相同的手法不只套用在牛仔褲還包括毛衣與夾克，或用來跟牛仔褲互搭的小飾品與配件。」

六○年代晚期剛冒出頭的GAP類似專賣牛仔褲的李維（Levi's），店內同時銷售黑膠唱片。由於牛仔褲市場有太多競爭者，它不得不在八○年代重新思考企業願景，決定聘請瑞斯勒（Mickey Drexler）擔任執行長，並與獨立設計工作室傑克魯（J. Crew）緊密合作。這個決策對當時的零售業者而言並不常見，那時負責女裝設計部門的舒茲（Lisa Schultz）說：「通常設計師都會經營自己的店面，我們則是擁有設計師的零售業者。」

身為大型服飾業者GAP旗下的設計師可不見得令人稱羨，特別是要在平凡到不行、年復一年沒有大改變的服飾上玩出新花樣。湯米席爾菲格（Tommy Hilfiger）的前設計師曾向我描述工作：「像是替一團垃圾畫素描。」不過通路商的自有品牌，或是連鎖精品店卻充滿無限商機。由於省去中間商，所以跟競爭對手比起來就可以用相同甚至更便宜的價格提供類似的商品，如同《廣告週刊》（*Adweek*）於一九八六年的文章所述，通路自有品牌服飾代表豐厚的利潤，讓通路業者可以獨家擁有某項商品，從而在消費者心中建立專屬於通路商的認同感。如今包括沃爾瑪、H&M、A&F等零售業者自行設計、銷售自有品牌服飾，已經成為再普遍不過的現象。

GAP轉型自有品牌通路業者後沒幾年，一九九一年的營業額高達二十億美元，到了九〇年代末，該公司已經可以用每天至少一家的速度擴張新據點，單單一九九九這一年就增設五百七十家分店。

GAP迅速成長也對美國人的穿著打扮方式帶來壟斷效果，從我的高中照片裡同學穿緊身窄管牛仔褲就可以證明，二手慈善服裝店也充斥著被視為不流行、屬於上一代休閒服飾的毛衣跟T恤。該公司對流行時尚的掌控程度，要歸因於能在短時間內迅速擴充分店數量，以及不惜重本投入廣告宣傳。它曾在廣告中邀請眾多明星加持，而且幾乎每個美國人住家附近都會有一家店。范米特指出：「美國人晃進社區的GAP就好像是走進便利商店，而且認為走出來後就會光鮮亮麗，好像自己天生就是這麼有品味。」

莎朗・史東（Sharon Stone）在一九九六年奧斯卡典禮上穿著GAP深灰色高領毛衣配上

范倫鐵諾（Valentino）長裙，在時尚史上留名的這一幕也將GAP的服飾推上高峰。媒體盛讚她將平價的服裝與高價的設計進行絕佳搭配，梅契克也認為這是歷史性的一幕，意味著平價時尚已經跨越社會階級的藩籬，她說：「對這種裝扮的評論在時尚圈不斷擴散，當時我們沒有意識到，但這就是平價時尚被社會大眾認可的起點。」

二十年後，范米特的快速時尚觀點終於完整呈現在大眾面前，只不過已經不再是由GAP引領這一波新風潮。它現在仍然是全球最大的零售業者之一，二〇一〇年營業額超過一百四十億美元，在美國擁有超過一千家分店，可是隨著更多、更便宜也更迅速的時尚行銷手法不斷推陳出新，它的競爭力也不斷遭受蠶食。

現在有許多名人會以H&M或標靶的平價時尚服飾，和專屬設計師提供的整體造型互相搭配。標靶在洛杉磯西好萊塢開設分店時，演員辛（Charlie Sheen）與朵芙（Hilary Duff）都受邀出席站台，伯恩哈德（Sandra Bernhard）則擔任開幕儀式的司儀。歐巴馬夫人蜜雪兒好幾次被拍到穿著標靶的自有品牌Merona的洋裝，這個品牌的服飾通常不超過四十美元，當她穿著三十四．九五美元的H&M洋裝接受《今日秀》（*The Today Show*）專訪時更是引爆新話題。《蜜雪兒．歐巴馬》（*Michelle Obama*）一書的編輯史溫蒙（Susan Swimmer）讚揚她：「精明到對H&M這種新潮時尚服飾折扣店都採取開放的態度。」史溫蒙認為蜜雪兒具備美國特有的風格，因為她挑選的衣服在高度理想創意的同時，也兼顧平易近人的特性。

穿著的演變

幾百年來，美國人若不是在家自己裁製衣服就是請裁縫師量身訂做，最早移民美國的清教徒女性就是穿著手工編織的洋裝、背心以及兩層式襯裙，並從植物或動物身上採集原料染色。二十世紀初期，到服飾店購買工廠製作的衣服逐漸普及，儘管衣服不再那麼稀少珍貴，但是購買最新潮流的服飾對大多數美國人而言依舊遙不可及。根據美國勞工部二〇〇六年的報告《美國百年來的消費型態》（*100 Years of U.S. Consumer Spending*）指出，一九〇〇年美國家庭平均收入七百五十美元，每年會花費百分之十五的家庭所得，也就是一百零八美元添購服飾。

消費歷史學家，同時也是《服務與品味》（*Service and Style*）一書的作者懷特克（Jan Whitaker）為我們精算在那個年代的服飾相對價格。她發現剛進入二十世紀之時，女用套裝是服飾店最受歡迎的商品，而且消費者也都付得起這些套裝價格，約十五美元一套，相當於今日的三百八十美元。到了一九〇九年，消費者只要準備八美元預算，相當於今日的二百美元，就可以去百貨公司地下室展售會買一件類似的套裝。

服飾價格在第一次世界大戰後加速下滑，一套連身裙的常見售價大約十六．九五美元，不到今日的二百美元，一般家庭在服飾上的年度花費是二百三十八美元，約佔年所得的百分之十七。當時的服飾價格下滑但薪資卻有提升，讓更多女性越有能力跟上時尚潮流，只是變化幅度不是那麼明顯。根據估算，一九二九年一位中產階級男性平均擁有六件正式服裝，女性則擁有九套。我的祖母出生於一九三一年經濟大蕭條期間，她記得小時候的衣服不超過五件，有些還是用麵粉袋縫製的，鄰居家的小男孩則是一整個星期都穿同一套縫補到不行的衣服。她告訴我：「那個年代的人不會丟棄任何物品，想都不用想，那是未曾聽聞過的事。」

一般美國家庭直到第二次世界大戰後才開始變得富裕，在衣服或其他事物上的支出也跟著薪資一起成長，中產階級的生活型態跟消費型社會直到這時才真正來臨。美國家庭在一九五〇年的年所得衝上四千二百三十七美元，其中四百三十七美元用在衣服，美國人也從這時開始累積比真正所需還要多的衣服，開始跟隨時尚潮流也預告時尚產業的發展。但話說回來，此時代美國人所擁有的衣服數量仍然有限，也包括可用來放置衣服的空間。一九五〇年一般家庭可放置衣服的面積約九百八十三平方英尺，這個數字到了二〇〇四年為二千三百四十九平方英尺。我的母親出生於一九四九年，青少年時期只擁有三雙鞋子，每天有一套正式服裝替換、幾件上教堂穿的禮服，再加上一些為特殊場合、較具個人風格的服裝。

二十世紀中葉的美國人依照個人消費型態不同，有人會去百貨公司購買最新款的時尚服飾，有人會去百貨公司地下室參加過季商品大拍賣，有人則偏好郵購席爾斯（Sears）或蒙哥馬利（Montgomery）的型錄商品。決定四百三十七美元可以用多久，所以先生、孩子要添購的衣服也要一併考慮，精打細算的消費者通常會選擇席爾斯從一九五五年開始推出的型錄商品，因為他們以擴大經濟規模的方式壓低售價，比方說，用十五・九八美元（相當於現在的一百二十八美元）出售百分之百尼龍纖維製成、晚宴專用的長裙禮服，一件人造纖維的上衣只要一・八九美元，被標上「最低震撼價」的洋裝只要二・四九美元，如果把通貨膨脹的因素算在內，這個價格就跟現在平價服飾連鎖專賣店不時打出「不到二十美元」的口號相當。童裝品牌服飾中盤商強納森羅根（Jonathan Logan）儘管很少推出要價不到十四・九八美元（相當於現在的一百美元）價位的套裝，但是一九六三年的《時代》雜誌還是為文表彰他們小兒科的售價。

根據美國經濟分析局（BEA）彙編的年報顯示，如今美國人每人一年花費在衣服上的金額略低於一千一百美元，以家戶為單位則約一千七百美元。儘管這是美國人有史以來在服飾上花費佔所得比率最低的年代，但這筆錢卻不會隨便被花掉。現在一千七百美元的年度預算可以購買數量多到難以想像的衣服，譬如四百八十五件Forever 21低胸無袖圓領背心，或是三百四十雙家庭美元（Family Dollar）女用涼鞋，或是一百六十三條顧迪（Goody's）的泡泡紗緊身褲，或是五十六條標靶的顯瘦工作長褲，或是四十七雙夏洛特露絲的高跟鞋或十一套傑西潘尼（J.C. Penney）的男性西服套裝，也可以從梅西買進六件雷夫羅倫鑲滿亮片的華麗晚禮服。

服飾價格產生如此戲劇化的崩跌，對美國人而言，原本必須審慎規劃預算卻變成可以隨心所欲地消費，我經常在紐約地鐵看到女生一手提著Forever 21的黃色購物袋和藥妝連鎖店杜安里德（Duane Reade）的袋子，另一手還拿著零嘴吃不停。《時尚》雜誌有篇文章問讀者：若是你看到H&M有件洋裝大拍賣價格四．九五美元，這時你心裡的盤算是拿這筆錢去喝咖啡、吃點心？或是買下這件洋裝？這是很貼切的問題，隨著衣服價格下滑，是否要買衣服的決定已經變得無關緊要。

美國早期成衣生產大都由家庭工廠負責，再賣給百貨公司銷售，懷特克說：「幾十年來，我們沒辦法辨識美國時尚產業中有哪家公司稱得上是重量級製造商。任何人都可以在任何時間開一家成衣廠，因此到處都是小型的成衣業者。」原本一萬兩千多家登記有案的成衣廠，到了九〇年代才逐漸整併成六十五家公開上市的服飾公司，其中早在五〇年代末期就公開上市的童裝品牌強納森羅根和伯比布克（Bobbie Brooks）算是先驅，消費者的選購行為也越來越受到品牌行銷的影響，根據懷特克的說法，這些規模越來越大的企業開始在《仕女》

（*Mademoiselle*）、《十七歲》（*Seventeen*）等全國發行的雜誌刊登全版廣告，進而對第二次世界大戰後美國人如何定義流行的觀點產生無遠弗屆的影響。

懷特克問：「從此以後，哪種做法可以贏得消費者的忠誠呢？」她指出，消費者以往最常接觸的是百貨公司刊登在地區報紙上的商品廣告，現在只要消費者走進百貨公司詢問伯比布克的相關產品，這些產品就會變得炙手可熱。

雖然強納森羅根和伯比布克無法與服飾業巨人相提並論，不過，這兩家公司在一九六二年的營收分別高達八千萬與四千四百萬美元，同年度全美成衣業的銷售總額也不過是一百二十億美元。換句話說，現在一家成衣零售業者的年營業額高於一九六二年全美成衣業的總額。二〇一〇年，GAP加計旗下兩個副品牌後的總營收超過一百四十億美元，H&M在同年度總營收高達一百九十億美元。

除了價格外，現在衣服的產量相較於第二次世界大戰後的產業水準，也完全處於兩個不同的世界，以往的大單可能指二、三千件同一款式的衣服，現在服飾業巨人像是GAP、湯米席爾菲格、耐吉（Nike）、沃爾瑪、標靶，一般下單的規模都是數以萬計，有時是單一款式數十萬或數百萬件的訂單。我跟一位在中國成衣產業工作三十四年的工廠經理談過，當主打年輕市場的零售業者Aéropostale在九〇年代晚期開始經營自有品牌的時候，他們的工廠就是該業者的協力廠之一，他回憶：「最初買主針對單一款式的採購量可能是兩千件，現在是從十萬甚至五十萬件起跳。」一位曾經待過湯米席爾菲格的設計師也看過自家公司下單規模以數十萬計，她說：「因為繡上湯米席爾菲格小旗子的無袖背心，完工後會運到分佈在世界各地的分店銷售。」

沃爾瑪和標靶之類的折扣量販店，現在的下單規模可能更可觀。設計師米茲拉希（Isaac Mizrahi）在二〇〇三年高調表示與標靶的夥伴關係時說：「我一直想要打造一雙尖頭的運動鞋，可是光靠自己一人的力量是永遠無法實現，因為沒有一家工廠願意為不到五萬雙銷量開模。現在和標靶簽訂合作契約後就像是拿到萬能通行證，我可以自由自在地追尋夢想！」米茲拉希是在九〇年代闖出名號的知名運動鞋設計師，他高調的職業生涯在走過極為輝煌的十年後已經不再絢爛。儘管大眾市場上有很多消費者會青睞他用巧妙、充滿魅力的手法復刻尖頭運動鞋，但是我卻只注意那五萬雙鞋子，或是其他兩百萬條GAP的牛仔褲和湯米席爾菲格的無袖背心都上哪去了？丟在衣櫥裡生灰塵？因為消費者不欣賞尖頭運動鞋而在非洲的二手市場滯銷了？還是被埋進土裡不斷地釋放有毒物質？

零售業者可以從以下兩種方式中擇一獲利：薄利多銷，或是用較高的毛利主打小眾市場。區域性的個性商店或是業務單純的百貨公司，多半採用高毛利的營運策略，沃爾瑪則是採用大規模量販、薄利多銷，而大多數消費者比較偏好到折扣量販店或連鎖店採購。賓州州立大學行銷學教授波頓（Lisa Bolton）認為，這個原因在於消費者不認為因為店家進貨量少自己就得接受高單價的商品，這並不是好理由，也因此促使零售業朝向量販規模越來越大。

百貨戰國

前一陣子我和父親到喬治亞州的貝爾克（Belk）。我上次走進百貨公司已經是十多年前的事情了，這一回我很遺憾地發現百貨公司的購物環境一點也都沒有改變：像操場跑道一樣的通道，不容易找到收銀台還看不到服務人員，像地攤貨般堆滿領帶、手錶的展示桌就橫擺在通道中央。持平而論，百貨公司的購物環境已經數十年如一日沒有改變，但是當我挑起衣架仔細端詳一件襯衫時，腦海中不由得浮現，在H&M一定能找到比百貨公司更便宜、更有型的襯衫。不論衣服標價（基本款襯衫一件六十美元），還是用無厘頭方式呈現流行服飾的做法，都讓我這個已經適應平價時尚的大腦頭痛欲裂。

可是百貨公司並非原本就是這副模樣，起碼與我父親成長過程所知道的印象不同。從二十世紀開始一直到第二次世界大戰結束後那幾年，百貨公司享有一段非常美好的時光，位居銷售商、工廠與消費者之間樞紐位置，以平衡各方利益的百貨公司相當於城市經濟生活的象徵，總是佔據美國各大城市最主要的黃金地段。當我父親還小的時候，他跟祖父母會在星期六盛裝打扮，開半小時車前往田納西州的拉夫曼（Loveman's），甚至開兩小時車前往喬治亞州亞特蘭大市中心的里克（Rich's）。

我父親清楚記得當年搭手扶梯時會兩腳發抖，看到里克地上四層、地下一層各種時尚精品時會不斷發出「喔、哇」的讚嘆聲，他說：「就像是劉姥姥走進大觀園、桃樂斯踏進歐茲王國（《綠野仙蹤》童話故事）一樣，充滿各種讓人腦袋發漲的華麗物品。」

美國每個城市都有屬於自己的名牌百貨公司，有些城市甚至有好幾個。辛辛那提是施力多（Shillito's），達拉斯是尼曼馬庫斯（Neiman Marcus），費城有麥橋（Strawbridge）、服飾商（Clothier）和沃納梅克（Wanamaker's）三家，紐約則有布魯明戴爾（Bloomingdale's）、梅西和倍適得公司（Best & Co.）三家，芝加哥人的最愛則是馬歇爾菲爾德（Marshall Field's），這些百貨公司滿足城市當地與周遭地區居民的各項需求，梅契克指出，當時在全美各地設有據點的連鎖百貨公司也都會由各分店獨立招商，意味著像強納森羅根這樣的廠商也需要配合百貨公司分店因地制宜調整經營方式。

美國人在第二次世界大戰之後開始搬往郊區居住，購物中心順勢成為休閒消費的新寵，這段往郊區遷徙的過程讓百貨公司失去原先市中心的消費人口因而大受打擊，而此時新的連鎖百貨公司經營型態也越來越受到消費者認可，譬如傑西潘尼在一九六二年在全美五十州設下據點。接著，連鎖折扣店布萊利（Bradlees）、猛馬百貨（Mammoth Mart）、傑爾（Zayre），傑西潘尼經營的集萃（The Treasury）、柯維特（E.J. Korvette）也佔據一定的市場規模，專門研究百貨公司發展過程的利斯奇（Michael Lisicky）告訴我：「柯維特提供免費停車服務、延長營業時間，甚至用折扣後的價格供應熱門商品，這些做法敲了無法跟進的百貨公司一記喪鐘。」

時序進入七〇年代，購物中心開始在全美各地擴張，美國人也開始對購物中心內連鎖折扣商店的特惠商品趨之若鶩。父親記得就在這個時候，第一次在凱瑪買進口平價人造纖維襯衫。購買平價商品的行為不只反映出消費文化或偏好的改變，利斯奇認為這也跟美國人口結構的變化有關。「中產階級的消費力逐漸衰退，業者必須設法找出新客群，」利斯奇說道：「七〇年代郊區的家庭主婦偏好折扣商店的價格，特別是必須節衣縮食扶養孩子的時候。最後，中產階級家庭如果不是在大拍賣的時候買高檔貨，就得買平價商品。」之後又過了二十多年，單單沃爾瑪一家折扣商店賣出的服飾就比所有百貨公司加總後的業績還多。

《紐約時報》在一九八三年有一篇報導名為〈美國人的消費革命〉，提到在業績成長充滿爆發力的平價服飾店，例如普魯姆（Plums）、梅西和麥克斯，品牌服飾的標價只是百貨公司售價的幾分之一而已。雖然百貨公司可以提供消費者僅此一件的衣服，但是卻有其他零售業者可以提供類似或仿製的衣服。報導中還提到，傳統零售業者可以藉助高毛利的優勢，採取多種策略與平價的新進業者競爭，譬如改善服務品質、提供自有品牌商品，或犧牲毛利率加入價格戰。

結果百貨公司在八〇年代用永無止境的拍賣活動經歷一場惡性的殺價競爭，他們不約而同只採取那篇報導中的最後一項策略：「不斷用拍賣會跟減價後的商品吸引更多來客數，藉以帶動其他以原價出售的產品銷路。」這樣做的後果只是讓消費者學會在有拍賣的時候才進場，更糟糕的是，百貨公司的訂價完全失去公信力。梅契克表示，百貨公司長久以來的經營策略就只建立在，「拍賣可以帶來人潮」這一條單調的原則上，她說：「所以我們現在能夠在報紙上看到跟衣服有關的廣告都是拍賣的廣告，強調服飾風格的廣告真的是鳳毛麟角。」

現在的百貨公司動不動就舉辦拍賣會，每十周就要出清存貨一次，透過百貨公司銷售的品牌服飾業者，現在也同意支付減價費用，就是業者原本預計賣出的原價，與最終實際賣出原價之間的差異。根據調查，二〇〇五年美國消費者從百貨公司拍賣會上支付的價格大約只是原本訂價的六成。

為了搶佔市佔率並討好追求平價商品的消費者，百貨公司之間也迅速展開整併。此時的消費者不但手頭越來越緊，也期待越來越划算的商品。其中有很多百貨公司試圖將觸角延伸至郊區的購物中心，像是費城的李特兄弟（Lit Brothers）和史奈侖伯格（Snellenburg's），可惜以失敗收場而難逃倒閉的命運。

在此引用《時尚末日》（*The End of Fashion*）一書作者亞金斯（Teri Agins）的觀點：「百貨公司開始精簡原本的營運方式，並在各樓層擺上越來越多賣得動的商品。」他們所採取的新伎倆就是變得更便宜、更大眾化，很多百貨公司決定放棄作工精緻的服飾，並關閉許多高檔的產品線。九〇年代，聯邦百貨（FD）旗下四百二十間分店中的四十五間納入伊蓮崔西（Ellen Tracy）、安妮克萊恩（Anne Klein）和DKNY三家服飾業，設定的策略是，所有服飾價格都比第一線設計工作室的商品便宜，使得米茲拉希原本以「以撒」（Isaac）品牌推出一百五十美元一件洋裝和三百美元一件夾克的產品，通通在一九九七年被迫下架。

這使得百貨公司面貌變得越來越模糊，看起來和連鎖商店沒兩樣。已經擁有布魯明戴爾、梅西，以及其他連鎖店的聯邦百貨，在二〇〇五年出資一百一十億美元購併競爭對手梅伊百貨（May），進而成為全美僅次於席爾斯控股公司（在二〇〇四年購併凱瑪）的第二大的百貨公司系統，旗下八百五十家分店都有銷售全美知名品牌的各種商品。

聯邦百貨完成購併案後改名為梅西百貨，並持續進行整併計畫，此舉影響好幾家在地具有知名度的百貨公司，像是美麗市場（Bon Marché）、柏丁斯（Burdine's）、菲夢絲巴爾（Famous Barr）、佛萊斯（Foley's）、黑希特（Hecht's）、金史密斯（Goldsmith's）、考夫曼（Kaufmann's）、拉撒路（Lazarus）、艾爾斯（L.S. Ayres）、麥爾與法蘭克（Meier & Frank）、羅賓遜梅（Robinsons-May）和里貝。

另外有些購併案則是為了讓收購對象關門大吉，最著名的就是關閉考夫曼位於匹茲堡的旗艦店和芝加哥馬歇爾菲爾德，後者導致芝加哥人採取抵制行動，並定期在梅西更名周年紀念日時發起示威活動。早在一九一二年，波士頓下城十字區的飛琳（Filene's）也因為對街已經有一家梅西只好歇業。這一連串的整併計畫雖然提升存續下來的百貨公司採購能力，卻也使得他們越來越沒有競爭力：不但營運風格變得死板，所能提供的商品也跟競爭對手的量販業者一樣平凡無奇，更糟糕的是，他們的售價仍舊高於當地的GAP，就更不用提如何和H&M或是Forever 21競爭了。

既然可以在各種不同的店面買到相同或相似的商品，我們就會認定用平價供貨的店家是童叟無欺。波頓說，消費者不但認定平價才是公平的價格，還會認為當某零售業者可以用三十美元販售一件吸引人的洋裝或襯衫時，另一家零售業者稍微改款就開價一百美元的做法根本是詐欺，即使業者的標價是基於進貨量較少、具有更好的服務品質或是因為雜支費用較高等因素也一樣，只侷限在價格競爭的壓力迫使所有零售業者，只能竭盡全力用更低廉的供貨價格才有機會殺出一條血路。

百貨公司之間的整併和連鎖品牌服飾業者的興起，也讓無數服飾生產業者與批發商付出代價，這當中有些人不是被市場淘汰，就是轉型經營自己的零售通路或成為單純的進口商，還有些人自行吸收存貨尋找其他特賣會的機會。伯比布克就放棄原本的製造業務，轉型成為喜樂公司旗下的一支品牌，專門經營零售價格在十六美元以下的牛仔褲和上衣，強納森羅根則已經退出市場。

我們現在會去買衣服的商家，都是經過三十多年殘酷的價格競爭下的倖存者，時尚產業也淪為同質性高、不再讓人興奮的產業。大多數消費者現在只能年復一年尋找提供平價的零售業者，包括沃爾瑪、科爾和標靶這些折扣商店，或去暢貨中心看看有沒有減價後的名牌服飾可以撿便宜。我們穿梭在柏靈頓棉裝廠（BurlingtonCoat Factory）、二十一世紀（Century 21）、達菲（Daffy's）、飛琳、拉夫曼、馬歇爾、羅斯，和經營非常成功的麥克斯，就可以找到跟百貨公司一樣生產過量的衣服，用兩折到八折的價格標售，就算是高檔、設計工作室推出的服飾，也都會在網路商城折價出售。

已經回不去了

我自己是從Old Navy開始踏上平價時尚這一條路。該店是GAP從一九九四年、我剛升上高一那年開始推出的平價連鎖店，《紐約時報》在一篇文章中認為當時該店正以扭轉一般人對平價服飾乏味、粗製濫造，總是被放在店裡最不起眼位置等刻板印象的方式撼動零售業，可惜它現在也不過就是另一家會吸引以往百貨公司客群的折扣商店，並且用比GAP傳統產品組合更多的人造纖維，與更不精緻的車工及手工所提供較劣質的商品。

Old Navy充分利用母公司專屬的行銷能量拉抬副牌服飾的形象，在站穩腳步之後，每年都砸二、三千萬美元廣告預算，設法拉攏名人為之代言，包括邀請男模申肯伯格（Marcus Schenkenberg）、女模霍爾（Jerry Hall），和曾經擔任《時尚》雜誌編輯與時尚評論員的多諾帆（Carrie Donovan）出席開幕典禮。此外，也設法改變折扣商店內的消費體驗，不但用塑膠封袋包裝T恤和運動衫，並仿照冷凍櫃一樣排放整齊，同時採用霓虹燈裝潢、成群笑臉迎人的人體模型、復古風味的看板標語，而且打出「全館全面六折！」的口號，至今都仍舊是它帶給顧客獨特的消費體驗。

同一時期，標靶也進了平價時尚市場，並定位為：凱瑪與沃爾瑪之外更高檔的折扣商店。

標靶從一九九一年開始使用比對手更多的賣場面積陳列服飾，並採用焦點團體的行銷手法協助顧客挑選當季的平價時尚。一般認為，標靶經營成功而導致凱瑪在二〇〇二年申請破產保護，同時也引發沃爾瑪定位不明的危機，進而在二〇〇五年九月號《時尚》雜誌上刊登八頁全版廣告，試圖重建沃爾瑪領導平價時尚的形象。

標靶同樣投注相當大筆的行銷預算，在廣告中用鬥牛梗犬臉上宛如牛眼般的標靶（它的企業識別系統）說服重視品味的新一代名人，平價服飾也可以時髦有型，折扣量販店當然也可以做到，就如李奇福（Rhonda Richford）在二〇〇六年六月二十六日刊在《綜藝》（*Variety*）雜誌的一篇文章標題：〈郊區居民在標靶與時尚名人不期而遇〉所描述的情況一樣。標靶受到這麼多擁護者瘋狂愛戴，有些社區甚至請標靶到住家附近設立據點。標靶在一九九一到二〇一一年採取跟GAP一樣的擴張模式，在全美各地開了一千三百三十家分店。

平價時尚跟平價連鎖店的市佔率越攀越高，隨著這股主導市場的力量，再加上百貨公司大部份服飾商品都只能用拍賣的形式出售，一般消費者對於一件衣服的成本有多高、值得賣多少錢的期待也跟以前不同了。服飾商品的價格不斷削減，也改變了我們心目中所謂「買得起」的概念：曾經看似合理的價格現在已經變成太貴了。根據我的競標搶購經驗法則，現在只要看到一件上衣的標價超過三十美元心中就會燃起一把無名火。

現在的零售業者被逼著用比十五年前更便宜的價格銷售完全一模一樣的商品，《紐約時報》在二〇〇八年深入報導時尚商品跌價的情況，發現麗緻服飾（Liz & Co.）的緊身褲跌價三分之一，鱷魚牌（Lacoste）的Polo衫跌了將近四分之一，一件李維牛仔褲只賣四十六美元，經過通膨調整後大約比九〇年代晚期少了四美元。在這篇報導中九樣跌價的商品裡，跌價最多的是最普遍的內衣和T恤，差不多跌了百分之六十。

三十一歲的巴洛斯（Dianna Baros）在二〇〇七年開始經營個人專屬的平價時尚部落格「省錢小資女」（Budget Babe），認識她的人都覺得這是再自然不過的事，因為她從小到大都很少為了時尚品味鋪張浪費，總是像個獵人一樣在百貨公司清倉特賣的時候出手，之後巴洛斯遂以消費高手的形象成為歐普拉網站（Oprah.com）的寫手之一，專長是用極少的花費完成亮眼的打扮，她說：「我的薪水跟大多數寫手、編輯、製作人一樣少，但我還是希望自己看起來體面一點，因此我會去Forever 21和標靶兩家店消費。」

巴洛斯記得，自己就是在九〇年代晚期從百貨公司移轉到Forever 21購物，並認為後者提供一個充滿各種可能的新世界，她回憶：「感覺就像是小孩子走進糖果屋，你可以大方地走進店裡，看上喜歡的東西都可以買回家。我想，對於那些怨嘆自己只能去清倉特賣會買東西的消費者而言，這種店真的會讓人感到興奮不已。滿載而歸會讓人感覺自己就像是一位公主。」

巴洛斯的故事就跟我自己第一次去H&M消費的經驗一樣。當時是二〇〇一年，與巴洛斯第一次踏進Forever 21的時期很接近。當我踏進紐約雪城的旋轉木馬（Carousel）購物中心的電梯，想像自己即將走進店裡、想要什麼就買什麼的時候就心跳加速。H&M吸引人的地方在於他們看起來並不是隨隨便便的一家店，在此之前幾十年的折扣商店總是顯得雜亂無章，但是他們的店卻漆成明亮的白色並搭配光亮的木紋地板，店裡只有少量的特價看板，不會過份強調特賣訊息，所有商品依照流行趨勢、式樣和顏色分門別類擺放整齊。該店另一個吸引我的原因就是獨一無二，當時這種零售店在美國是一種創舉，我不認為會有很多美國人跑來買一件十美元的洋裝。

當初標靶和Old Navy還需要透過行銷手段主張平價服飾也是一種時尚，如今平價的時尚商品已經不再需要如此動作了。不論是在平價商店、百貨公司或是折扣商店消費，一件衣服的價格多半不會超過三十美元，甚至還會更便宜。簡而言之，絕大多數美國人現在都是如此看待衣服價格，這種消費型態已經演化成美式文化。

現在看來，平價時尚連鎖店似乎回應社會主義所提的主張，譬如H&M的職員喜歡說自己不是只為菁英階級服務，頗負盛名的平價服飾店優衣庫，則在地下鐵用帶有革命性的口號：「為所有人付出」打廣告，就連米茲拉希替標靶開發的產品線也都用：「獻給每位身處各地女士的奢侈品」這樣的標語。

有錢人也都不排斥選用平價服飾，並當成是現代社會消費者至上的象徵。以莎拉・潔西卡・派克（Sarah J. Parker）為例，她在《慾望城市》（*Sex and the City*）中飾演凱莉，帶動美國女性購買設計工作室高價的時尚商品，她卻在二〇〇八年為現在已經破產的快速時尚業者史提夫與貝瑞（Steve & Barry's）推出專屬的產品線，有一件八・九八美元的大花背心裙，也有上面寫著「時尚並非奢侈」的T恤。她接受《紐約時報》專訪時指出：「時代改變了，現在人們更看重自己花錢換來的東西實不實在。我曾經在派對上對另一位女士表示她的褲子很好看，結果對方回我：『才十四美元！H&M買的！』對我身邊周遭的人而言，這的確是他們現在採用的消費模式。」

就連《時尚》雜誌在二〇〇九年推出「當月最划算」與「十件百元商品」專欄時也沒有引起多大爭議，因為很多主流的女性時尚雜誌早就推出類似的專欄。《美麗佳人》（*Marie Claire*）雜誌的編輯也在〈一擲千金與划算成交〉一文中，向讀者推薦一件H&M的洋裝可比另一件設計工作室標價五百美元的洋裝更適合下手。

平價時尚部落格在最近幾年如雨後春筍般地冒出頭，其中「預算內的時尚」（The Budget Fashionista）的格主芬妮（Kathryn Finney）還上過美國國家廣播公司的《今日秀》、美國有線電視新聞網的《標題新聞》、《E新聞》、美國廣播公司的《早安美國》等節目，分享經營平價時尚部落格的心得。

目睹自己的部落格如何從小眾變成主流的巴洛斯，也寫一篇網路文章作為紀念：「四年前這個部落格剛開張時，平價時尚還是成衣業避諱的詞句，現在這些平價時尚部落格格主卻和標靶建立合作關係，優先參與馬克雅各（Marc Jacobs）和米索尼的新裝發表會。『便宜，卻有型』這句話從來沒有這麼貼切過。」

康賽爾在「雨天穿搭」影片中描述，自己第一次發現H&M震撼人心的價格時有多麼開心。她原本以為該店就跟其他服飾店沒什麼兩樣，「你們知道，就是那種找不到任何一件襯衫售價在四十美元以下的服飾店。」儘管平價時尚一開始只是提供另一種不同的選擇，但是這股風潮在成衣市場的比率已經大到使人無法忽視它的存在。隨處可見平價時尚的結果，讓我們在不經意間接納了這股風潮，現在的平價商品既不會瑟縮在店內一隅孤芳自賞，還會用充滿侵略性的腳步把其他價格趕不上的商品消滅殆盡。

如果讀者在十年前問我，出社會後會不會繼續在H&M買衣服，我的答案很可能是否定的。我會認為自己有一天要脫離平價時尚的小圈圈，前往一家用高級布料與精緻手工製作成衣的服飾店消費，不料我拒絕在衣服上花太多錢的想法已經根深柢固回不去了。

這還不是最嚴重的，如果我現在想買一件製作精美、充滿時尚感且價位合理的衣服，已經不知道要上哪去買了。我們父親那一代還可以到市中心的百貨公司挑選精緻且僅此一件的衣服，而我們這一代卻只有千篇一律的量產衣服可以挑。雖然我們這個世代享有更多划算的交易，代價卻是很難替個人品味做出真正的選擇。

Chapter 02

我們如何浪費衣服

儘管我一再重複撥號，成衣產業發展公司（GIDC）的電話就是無人應答。幾天後我終於透過電子郵件收到一封邀請函，造訪該公司位於曼哈頓成衣區的總部。那一天我搭地鐵來到西三十四街，走過一家狹小的時裝店，看到懸掛在門口的一面橫幅寫著「價格是王道」，接著穿過車水馬龍的第七大道，也就是俗稱的時尚大道，然後再走過折扣批發店喬伊（Joey），我曾以一美元在該店批了五十件T恤，在上面絹印圖案後轉手出售，但幾個月後買T恤的朋友告訴我，縫線開花了，能否換一件新的給她？

一路走到西三十八街總算看得到一些人，最後我走過隱身在鷹架後頭的布料行，店門口有輛卡車正在裝載用塑膠袋包好的成套洋裝。我進入那棟上世紀建築風格的總部大樓，搭電梯直接上五樓到一扇沒有特別標記的門前，一位高大、穿著剪裁合身襯衫與牛仔褲的男士前來應門，他領著我走進一個小隔間，房間裡除了一張椅子和兩張空蕩蕩的辦公桌，以及十幾排堆滿衣服的置物架之外空無一物。整個總部似乎只有我們兩個人，瓦德（Andy Ward）就在我的對面坐下來，揚起眉毛開玩笑地說：「這邊已經人事精簡了。」房間裡看不到一支電話，除了眼前這位男士，大概也沒有其他人可以幫忙接電話。這個畫面完全出乎我對成衣產業發展公司的想像。

成衣製造業在過去十年已成為美國萎縮最嚴重的產業之一，縮減速度只低於報紙、電報業，以及與之密不可分的紡織業。二〇〇七年的前十年，美國成衣業約消失六十五萬份工作。我很好奇這與平價時尚之間有什麼關連，遂從紐約市的成衣工廠開始尋找蛛絲馬跡。

成衣產業發展公司是一個非營利機構，起碼目前的狀況是如此。這個組織成立於八〇年代晚期，作為維護曼哈頓成衣區勞動人權的團體。曼哈頓成衣區指的是西三十四街到西四十二街之間的區塊，一百多年來，成衣貿易就在這個地區從繁華走向衰退。成衣產業發展公司主要功能是避免法律公司或其他類似的單位進駐成衣中心大樓區，因為該地自一九八七年起就是時尚產業的專區，成衣產業發展公司必須用較高的金額向地主承租，代價不小，但現在紐約市的成衣製造廠所剩無幾，根本沒辦法填滿曼哈頓成衣區的大樓。瓦德說，曼哈頓成衣區供成衣製造的面積高達九百萬平方英尺，現在用來製作衣服的面積只有不到五分之一。

最近幾年，成衣產業發展公司的主要業務是從僅存的成衣廠中，挑出最合適的對象供貨給獨立的時尚設計工作室，瓦德解釋：「如果有人想要訂做晚禮服，我們會替他找到工廠，找到適當的供貨來源。」成衣產業發展公司曾經有許多職員，辦公室規模也比較大，甚至還設有一間專用的展示廳，可惜日後因為付不出租金而不得不持續縮編。一部份原因要歸咎於前幾任主管的經營不善，另一個原因是政府不再提供經費補助，因此除了瓦德之外，不得不遣散所有職員。瓦德自己已經好一陣子不支薪，又要在沒有經費的情況下運作，他說：「我自己就是成衣產業發展公司。這並不是理想的工作，或許正走在非關門不可的不歸路上。」不歸路一詞，恐怕也適用於美國境內所有的成衣業者。

紐約不但是賓士時尚周的主舞台，也是超過八百家時尚公司總部的所在地，讓紐約毫無疑問地成為時尚設計的焦點，不過似乎已經沒有多少人記得紐約曾經是成衣製造業的重鎮了。早在二十世紀初，成衣製造業曾經是紐約市雇用員工人數最多的產業，當時全美國大多數洋裝跟女性時尚服飾中，較講究作工的部份都是由紐約市工人製作，男裝的規模雖然比較小卻也相當可觀，在紐約市同樣發展蓬勃。曼哈頓成衣區的人行道曾經有好幾十年無法通行，因為路上滿是小推車，上面載著裁切後的布料或是完工後的成衣，瓦德辦公室底下那些店面也曾經被相關產業鏈上下游業者佔據，包括布料行、鈕釦或是針線業者。如今還是可以看見這樣的產業生態體系，不過規模已經大不如前了。

曼哈頓成衣區曾經是移民者或是低學歷就業者，能夠自食其力的地方。成衣業可以提供眾多藍領工作和中產階級的職位，譬如仲介業者、批發商、業務員、打版師、裁縫師、印刷工（指將圖案印製在衣服上的工作），當然還包括縫紉機操作員所組成的生產大隊。紐約如今還有上百位加入成衣工會的員工過著不錯的生活，每年收入介於三萬到十萬美元，並依照不同的技能與工作經驗享有紅利。

為了寫這本書，我花了一整年時間穿梭在紐約數個成衣廠中，因此對曼哈頓成衣區能瞭若指掌。以往看起來是紐約市讓人感到難過或衰敗的地區，但若用不同角度觀察，卻有些親切感。這個地區是生產物品而不是買進物品，也不會讓人有愛慕虛榮的感受，設計工作室跟成衣廠仍舊辛勤地投入工作，和鈕孔工以及少數幾家販售內襯、人造纖維、針線、袖扣的低調店家相互配合。

達瑪成衣（Dalma Dress Manufacturing）是一家位於紐約市的成衣廠，經營超過三十年也面對過各種產業波動，即使面臨進口貨的衝擊依然保有高度競爭力。達瑪在七〇年代晚期開始進駐曼哈頓成衣區，一開始是在西三十九街擁有兩層樓的工廠，雇用兩百多位員工，因為替亞伯史瑞德（Abe Schrader）、麥爾坎之星（Malcolm Star）等大廠生產高品質且價格大眾化的女裝而生意蒸蒸日上，就連雷夫羅倫和比爾布拉斯（Bill Blass）也是該廠的重要客戶。達瑪的創辦人當初並未料到，他是在產業遊戲規則開始改變的時候入場，現任廠長也是創辦人之子迪帕瑪（Michael DiPalma）說：「一切改變都發生太快了，七〇年代晚期是巨變的年代。」

達瑪還保有老派的運作方式：成捆堆放的纖維布料，用紙張簡要記載各種布料相關的技術規範：他們稱之為懶人包（tech packs），然後在狹小、雜亂的工作間縫製衣服。迪帕瑪在辦公室接受我的訪問時，有一位女裁縫拿著一件零售價數千美元、鑲著金色串珠的禮服走進來說：

「機器可以做到這個程度，」迪帕瑪高聲回應：「我不管，一定要照我的方式去做！」那件禮服的拉鍊是用機器縫的，可是迪帕瑪認為除非用手工緊緊地縫上拉鍊，否則禮服的重量遲早會把拉鍊給扯開。迪帕瑪緊張兮兮，從嘴巴不斷冒出成衣界的行話就像是他的第二語言。為了讓工廠繼續營運下去，他會花很多時間走出辦公室跟所有人一起努力把衣服做好，他說：「這裡沒有人會坐在一旁無所事事。」

達瑪剛成立的時候，來自像雷夫羅倫這種客戶最典型的訂單是一千件襯衫，「那是美好的時光，這些訂單我們稱之為第一桶金，然後這一切都移到那邊了，」迪帕瑪一邊說，一邊指著辦公室內用來表示亞洲的帽架。達瑪如今只剩下一層樓與三十多名員工，只替美國兩家著名的設計工作室生產高級晚禮服和結婚禮服。達瑪與紐約其他多數成衣廠一樣，曾經推掉小批量卻需要密集勞力的訂單，可是現在曼哈頓成衣區的業者卻得靠這種訂單生存，迪帕瑪說：「高檔的需求一直都在，但是沒有人想去做那一塊市場。一般人會想要趕快回家放鬆一下，心中想著下個星期大概又會接到另一張五百件成衣的訂單。艱鉅的工作永遠都有，只是沒有人想去做而已。」

成衣廠有好幾個理由偏好大量、製程簡單的工作，因為談妥一張訂單跟訓練員工都是花錢、費時的工作，所以接到一張大單就代表可以攤提很多成本，而簡約的服飾風格不但可以快速交貨，也意味著工廠不必採用高深的縫紉技巧，不用添購特殊規格的機器。不論接到的訂單規模有多大，成衣廠的雜支費用都是固定的，包括布料的進貨、機器設備的檢修、生產與寄送樣本，還有購置塑膠封膜包裝機跟標籤機。

卡必爾（Ashraful "Jewel" Kabir）以孟加拉達卡為根據地經營成衣廠，客戶包括回聲（Echo）、環球影城（Universal Studios）與耐吉的副牌安普洛（Umbro），他告訴我，從這些大廠接獲大單可以很快回收投資成本，創造高額利潤，他說：「不論是生產五百件還是五千件，維持公司營運的基本開銷都一樣，所以大單當然好太多了。這一點毫無疑問，一切都是以量產為基礎，這也是我的客戶能夠賺錢的原因。」

卡必爾的成衣廠叫做指揮運動衫公司（Direct Sportswear Limited），雇用近兩百位員工，每個月可以量產T恤或是運動長褲這種基本款式的衣服超過四十萬件，只要客戶針對同一款式的衣服採成千上萬的批量數下單，他可以大幅地降低生產費用。如果某客戶單批訂單的數量是一千件，卡必爾提供給對方的報價是每件十美元，超過這個門檻的報價就會大幅下滑，根據卡必爾的說法：「如果對方下單一萬件，我的報價可以降到一件五美元。」價格直接砍一半。但是規模經濟在量產達到一定程度後會失去效應，無法再進一步壓平價格，卡必爾的成衣廠究竟要在多大的批量生產下，才能用提供客戶最低報價的方式賺取最大利潤呢？答案是兩萬五千件，卡必爾告訴我：「這是最佳化的生產數量。」

美國時尚產業早在三〇、四〇年代就開始往西岸或是南部各州，尋求低工資與更便宜的生產成本，然而真正讓人無法置信的低成本卻必須到海外其他國家才找得到。瓦德的祖父曾經在緬因州經營羊毛工廠，他父親也曾經經營一家名叫紐約運動衫貿易公司的大型男裝成衣廠，可是產業外移的現象讓留在美國的成衣業者幾乎在一瞬間失去競爭力，瓦德說：「當所有人都開始往亞洲國家移動時，就像是潘朵拉的盒子被打開一樣。從此之後，你不可能不把亞洲國家當作生產基地。我們已經沒有辦法再把潘朵拉的盒子蓋回去，把一切事情都當成沒發生過一樣。盒子一旦打開就是打開了，再也回不到從前了。」

美國從五〇年代開始從日本進口棉製的衣服，十年之後則有香港、巴基斯坦與印度加入出口國的陣容。不過當時美國進口紡織品的數量還微不足道，以一九六五年為例，該年度進口紡織品的總量佔全美銷售成衣的比率不到百分之五。迪帕瑪表示，一開始會去國外生產的衣服都是比較簡單與基本的款式，原因不外乎是那個年代無法透過手機、傳真機，或是網際網路向國外成衣廠明確傳達衣服的生產規格；他說：「一件襯衫是什麼？不過就是正面兩塊跟背面一塊布，再加上兩個袖子、一個領子跟一個口袋，然後再把鈕釦縫上就行了。妳看，我只花不到一分鐘就把一件襯衫的構造說清楚了，用越洋電話就可以溝通了。」話雖如此，但早年要管控進口紡織品的品質仍然相當困難。

即使美國成衣業幾乎都外移到低工資的海外國家生產了，但是勞動力依舊佔成衣業相當高的成本比重，由此就不難了解為什麼時尚產業非得依賴海外生產的原因。有一份調查報告顯示在生產一件衣服的過程中，布料成本約佔百分之二十五到五十的比重，勞動成本則介於百分之二十到四十之間。迪帕瑪一語道破其中的關鍵：「時尚產業是勞力密集而不是技術密集的產業，每一台縫紉機前都要有人坐在那裡。」就算是在工廠裡生產，也要把生產流程拆成數個步驟，最後以手工方式完成一件衣服。縫紉機只是加快手工生產的速度而已，比較像是一種工具而不是一台機器，成衣業獨一無二勞力密集的本質說明了，為什麼縫紉是時尚產業最常見的一項工作，也是世上最普遍職業的原因。

衣服是手工製品這一點或許顯而易見，但是這個明確的事實卻對我們要付多少錢買衣服產生最根本的影響：付給縫紉工的薪資與付給成衣廠的費用，將對我們支付的價格產生無與倫比的影響。想要生產一輛平價的車子就表示要採用平價的零件，但是平價時尚卻不能依靠便宜的布料，迪帕瑪以日本和中國為例告訴我，纖維布料在兩個國家的價差可能只有五美分，根本不足以動搖最終的商品標價，他宣稱：「這樣子的差距根本無關緊要，沒辦法用來節省成本，關鍵還是在於勞動力。在美國有一大堆勞動法規，付給員工的薪水不能低於法定最低薪資。」想要生產平價服飾，就非得找到廉價勞力不可。

美國境內成衣業的勞動薪資都不同。瓦德指出，在紐約雇用一名技術熟練的成衣工大約需要支付時薪十二到十五美元，而一名優秀打版師的時薪則介於十七到十八美元。根據政府統計，美國境內縫紉工的薪水低很多，目前的水準是時薪九美元，相當於一千六百六十美元的月薪。不過，多明尼加自由貿易區法定最低月薪只有四千九百披索，換算後還不及一百五十美元。雖然中國近年來薪資飛漲，但是沿海省分法定最低月薪也只有一百四十七美元。孟加拉在二〇一〇年十一月調高法定最低薪資，現在該地成衣廠需要付給縫紉工的月薪是四十三美元。儘管以今日的標準來看，美國成衣工的待遇並不好，但仍是中國成衣工的十倍、多明尼加成衣工的十一倍，更是孟加拉成衣工的三十八倍。

成衣工的薪資

以下舉幾個例子說明巨大的工資差異，會對衣服售價造成哪些影響。頂級牛仔褲品牌傑布蘭德（J. Brand）執行長盧德斯（Jeff Rudes）接受《華爾街日報》專訪時表示，如果他把生產線移到中國，原本店內標價三百美元的牛仔褲就可以降到四十美元。拜訪達瑪那天，我帶一件在都會服飾公司以特價三十美元買下，有黑色聚酯內襯的打摺迷你裙問迪帕瑪，這件迷你裙若交給他的工廠生產報價是多少？迪帕瑪堅定地說：「一件三十美元！」這個價格還不包括布料成本。我用同一件迷你裙向四家中國成衣廠詢價，其中三家的報價低於五美元，比較高階的第四家成衣廠報價是十二美元，纖維布料的成本算在內，另外一家來自孟加拉的成衣廠報價也是低於五美元。此外還有一家中國成衣廠提供我一件低於一．五美元含貨運的報價，換句話說，這家成衣廠連工帶料加運送服務的總成本還不到達瑪報價的一半。

當然，有很多美國成衣廠給員工的薪資低於法定最低要求，想利用低薪設法在競逐低成本的產業中覓得一席之地。美國自工業革命以來，一直都有各種機構關注血汗工廠的議題，對抗成衣業血汗工廠的運動可以追溯到一九一一年，當時一把無情火奪走紐約三角成衣廠（Triangle）一百四十六名員工的性命，原因竟然是工廠老闆為了防盜而把他們反鎖在屋內，導致罹難者中大約有三分之一是在跳窗逃生，或從搖搖欲墜的防火梯上摔死的。

紐約長期以來一直無法擺脫在曼哈頓中國城內非法經營的成衣廠。蕾德（Sally Reid）是一位在紐約具有超過三十年經驗的成衣製造與品管專家，她記得這些非法工廠大約是九〇年代在紐約市中心如雨後春筍般冒出頭，當時她在第十五街一家義大利人經營、設有工會的成衣廠服務，這家成衣廠專門生產有內襯的西裝外套，每件的成本介於四十二到四十八美元。之後中國城來了一家成衣廠，用一件二十八美元的報價提供一樣有內襯的西裝外套，結果不但導致蕾德的客戶退出市場，也使得在紐約合法經營成衣廠的企業失去競爭力。

一模一樣的西裝外套，一家成衣廠得花四十八美元，而另一家卻只要花費一半，生產成本這麼戲劇化的縮減是怎麼辦到的？「他們根本沒有支付員工法定最低薪資，這一點我很肯定，」蕾德回憶：「而且那家報價二十八美元的成衣廠到處是蟑螂、老鼠跑來跑去，連廁所都沒有。」當時很多位於中國城的成衣廠設在危樓裡，蕾德還記得那些樓層地板有洞的畫面，成衣廠老闆當然也懶得花錢裝設基本的衛浴設備。

經過數十年之後，中國城大多數以大眾化、量產模式生產成衣著稱的成衣廠，都已經消失了。中國城並不是成衣廠應該進駐的地段，等到不動產開發商看上這個區段並調高租金後，中國城成衣廠銷聲匿跡的速度比曼哈頓成衣區還快，瓦德估計，中國城在二〇〇三年時還有二百五十家走大眾化路線的成衣廠，他說：「現在只剩下二十家了。」能夠在一個周末完成四萬件裙子、車工經得起考驗的中國城裡的成衣工人，也成為產業外移最新一波的受害者。

紐約成衣業在五〇年代逐漸失去風采之際，低工資成衣業開始移往洛杉磯發展，到了九〇年代末，洛杉磯成衣廠加總後有將近十二萬名就業人口，至今也依舊擁有美國境內最大的成衣產業。西岸的時尚產業一直跟紐約有很大的差異，因此美國東、西岸時尚產業之間並未有直接競爭的關係。比較正式、需要量身剪裁的服飾，像六〇年代風格電視劇《廣告狂人》（*Mad Men*）裡面會看到的女仕洋裝與男仕西裝就屬於東岸時尚產業的專長，即使現在紐約還是美國男裝夾克或高檔晚禮服最負盛名的產地。

加州的洛杉磯則是休閒運動服飾的發源地。所謂運動服飾並不專指慢跑時的裝扮或是做瑜伽時會穿的寬鬆褲子，而是業界對於比較寬鬆、輕盈，大多數美國人日常生活中非正式服飾的統稱。加州時裝協會會長梅契克在六〇年代運動服飾於西岸開始爆量流行時，就參與加州的成衣貿易業，她回憶當年加州女性開始放棄有束腰、蓬蓬裙、紐約式風格的洋裝，改採風格更簡單的服飾造型，她說：「突然間我們發現，紐約的細緻與加州的裝扮涇渭分明。」加州在最近幾年也建立起所向披靡、高檔路線的牛仔褲產業，這一系列產品的零售價格至少從一百五十美元起跳。

我在二〇一〇年八月造訪洛杉磯成衣廠，一探進口服飾對當地產業所造成的影響，除了一位大學生蜜雪兒與我隨行幫忙翻譯，還有一位名叫賀南德茲（Lupe Hernandez）的女性，她來自墨西哥，在洛杉磯以縫紉為業將近二十年。十年前，賀南德茲在一次請願活動中帶頭對抗Forever 21，主因是當時洛杉磯市區供貨給該店的成衣廠給薪遠低於法定最低薪資，而賀南德茲本身就是受害者。該公司從此調整進貨管道，除了具有時尚敏銳度、需要儘速上架的商品仍保留在洛杉磯生產，依賴國外進口商品的比率則越來越高。

精力充沛的賀南德茲，三十七歲五呎高、穿著細肩帶黑色背心、脖子上掛著一條金色十字架、塗著鮮紅口紅還戴假睫毛，她帶我們前往洛杉磯市區西八街與百老匯街交會處的一棟成衣大樓，Forever 21現在仍會在此地縫製副牌的服飾。大樓中的某一層有六家成衣廠，每家規模都不大也沒什麼裝潢，分別雇用二十來位西班牙裔的中年女性跟少數幾位男性員工，工作內容就是準確地在縫紉機上縫製成衣，並把成品一一掛上貨架。

洛杉磯成衣廠的工人大都是按件計酬，以賀南德茲為例，每縫好一件衣服可以賺四、五美分，修剪線頭也包括在內。理論上，每位員工不論完成多少件衣服都應該領取法定最低薪資，工作效率高的熟練縫紉工則可以多賺一點，梅契克告訴我：「依照法律規定，就算你的產能經換算後還達不到法定最低薪資，成衣廠老闆還是得付同樣的錢。」但是這種說法卻和洛杉磯成衣廠工人的實際經驗相悖，或者說，這意味著這些工人無論如何每星期都必須完成沉重的工作配額。

賀南德茲告訴我，大多數洛杉磯成衣廠工人每星期工作六天，每天工時十小時縫製衣服才能勉強讓所得高過法定最低薪資。我問她怎麼能如此肯定這個行業整體的薪資狀況，難道不同成衣廠之間的待遇沒有差異嗎？她苦著臉告訴我：「打從我十八年前來這邊工作，這個行業的薪資幾乎沒有變過。但現在物價水準已經不比當年，導致員工必須花更多時間工作，現在我們必須更賣命工作才能勉強維持生活開銷。」

當時賀南德茲在美國服飾公司工作，一個時髦的年輕品牌，以辛辣的廣告內容著稱，並主打全商品都在洛杉磯製造的賣點。二〇〇九年十月聯邦政府介入調查，導致該公司遣散一千五百位遭指控為非法就業的員工，也正是美國四分之一世紀以來失業率最高的時候。很多被波及而失業的員工，已經在該公司工作超過十年，那時候政府的做法是把當時屬於失業人口之一的賀南德茲，指派到勞力不足的成衣廠，梅契克認為這是充滿爭議的反移民工計畫，反而讓洛杉磯喪失一批最有經驗的成衣工人。賀南德茲也同意這一點，她說：「為了解決飆高的失業率，很多人就這樣被指派到美國服飾工作，但是這些人只是佔著職缺，根本不知道自己該做什麼。」

美國服飾除了擁有廠房並雇用美國當地的員工之外，還有一些跟業界與眾不同的做法。譬如，提供員工醫療保險與股票選擇權，偶爾還會提供廠內員工免費按摩服務。不過根據賀南德茲的說法，這些做法不足以讓成衣廠員工在美國的經濟環境裡站穩腳步，她自己就買不起美國服飾的衣服。一件美國服飾聚酯休閒襯衫售價是五十八美元，這算是合理的價格（只要你的所得來源不是成衣廠工資）。我問賀南德茲是否喜歡在美國服飾工作，她說：「願意留在美國服飾的員工，看上的是最低法定薪資的保障。」此外還有排班休假與加班費，但是她不認為這是夢寐以求的工作，因為每天工作配額的負擔很重，她說一天要完成二千三百件服飾，工作壓力相當大。對成衣廠員工而言，美國服飾只是相較之下沒那麼糟糕而已。

起初，洛杉磯的低工資還可以讓當地成衣業在全球市場中保有競爭力，但是後來情況惡化到低工資、不友善的工作環境，和欠缺就業安全保障變成了業界常態。加州大學柏克萊分校勞工中心副主任關少蘭（Katie Quan）指出，洛杉磯成衣工人幾乎不可能組成工會以改善就業環境，她說：「成衣產業現在已經某種程度全球化了，所以就長期來看，工會很難提出具體有效的策略把工作機會留在美國，也很難要求資方提高工資。」即使美國服飾被業界視為最重視員工權益的公司，但也沒有工會組織，聯合工會（Unite Here）在二〇〇三年曾經設法在美國服飾裡以工會形式提出給薪假、降低醫療保險費用、改善生產流程，與促進勞資間的和諧關係，可惜最終失敗了。資方的說法是員工不想加入工會，工會代表則譴責管理階層威脅員工。關少蘭表示：「私底下我們習慣說，在洛杉磯的薪資待遇與工作環境，糟糕到好像直接把墨西哥搬到加州一樣。」

到洛杉磯前幾周，我花七小時開車穿越橫亙在喬治亞州跟南卡羅來納州交界處的煙山山脈（Smoky Mountains），最後抵達位於南卡的格林維爾（Greenvill）。此地相當於美國染紡業心臟地帶的聖地，極盛時曾經沿著洲際道路從格林斯伯勒（Greensboro）延伸過來。我到格林維爾拜訪父親兒時認識的朋友奇科（Olean Kiker），他在紡織業工作資歷超過四十年，是一位思慮周密又熱情的人。當天他戴著一副超級大墨鏡，腳上穿著運動涼鞋，開車載我離開格林維爾後一路沿著洲際道路前進，直到英曼（Inman）小鎮。我一眼就看出英曼鎮缺乏活力，這裡沒有什麼新的營業場所進駐，只有兩家速食店：哈帝漢堡和麥當勞，也是多年前開設的。我們來到一塊上面寫「英曼商業特區」的綠色路標前，發現特區內已經空無一物，只剩一棟白色大農莊式樣的屋子座落在另一角的山丘頂上，奇科說：「那大概就是紡織廠老闆的房子吧。」接著我們轉進住宅區內狹窄的道路，兩旁都是附有院子的簡單小平房，顯然是當時蓋給紡織廠工人居住的房子。

路的盡頭是一棟四層樓高、不顯眼的磚造廠房，還有一根指向天際的煙囪，就像是會在工業革命畫冊上看到的那種建築物一樣。我下車在已經長滿雜草的警衛室四周繞了一圈，看見窗戶上的窗框剝落大半，更別提玻璃了，因此可以透過這些窗戶一眼看見卡羅來納特有的清朗藍天。這棟廠房就是用來紡紗的英曼紡織廠，曾經提供南卡羅來納州居民夢寐以求的工作機會，現任英曼紡織廠執行長查普曼（Norman Chapman）透過電子郵件告訴我，該公司不但曾經為員工蓋棒球場、教堂、學校、社區游泳池、保齡球館等休閒設施，甚至還資助一個運動協會。

英曼紡織廠現在還有其他廠房仍在運作，不過最原始的一棟已經在二〇〇一年關閉。已經是上百歲的古老建築，當然是部份原因，畢竟紡織業已經躋身高科技產業了。紡織廠跟縫紉廠的狀況不一樣，如今紡織廠已經高度自動化生產，使用諸多精密機械所組成的流程進行編織、染色、印刷、後製到風乾布料的一貫作業，當中勞力所佔比率極小。現代化的紡織廠可以靠著二十位不到的員工，就能在一小時內量產數千平方英尺的紗布。查普曼比較紡織業的情況後告訴我：「成衣業顯得是變數較多，不需消耗能源，也比較不用訓練員工。」話雖如此，美國紡織業當然還是得面對來自外國的嚴酷競爭，一九九六年就業人數六十二萬四千人，如今只剩下十二萬人了。我問查普曼是什麼原因讓紡織廠停工歇業，他在電子郵件中回覆：「沒生意可做，」又補了一句：「來自亞洲的紡織品以讓人難以置信的價格，像洪水一樣蔓延美國市場。」

到英曼鎮的那天下午，奇科與我沿著洲際道路看遍像鍊子一樣，一棟又一棟用圍籬阻隔、已經關閉的紡織廠。我回想美國南方紡織業的榮光大概是在三十年前開始沒落，儘管現在看到許多廠房已經改建成富豪的私人宅院，但這並不意味失業的情況也跟著改善。南卡羅來納州在二〇一一年七月的失業率高達百分之十．九，是當時全美失業問題最嚴重之一。

奇科在一九六八年進入紡紗廠從低階領班做起，時薪一．二五美元，他回想當時紡紗廠嚴重的空氣汙染問題：「看不見自己的雙手。」然而他也經歷紡織業的薪資待遇與工作環境的改善，美國紡織廠員工現在的時薪介於十一到十三美元，也受到嚴格工安及環保法規保護。奇科後來當上TNS的廠長，當時總部設在北喬治亞，擁有三座紡紗廠，每星期產量一百萬噸紗布，訂單主要來自李維。

為了提高在全球化經濟後的競爭力，TNS用盡一切可能把生產過程自動化，可是訂單仍然不足，客戶的生意也每下愈況，TNS只好在二〇〇二年關閉集團旗下二十座紡織廠當中的六座。隔年，奇科升任生產副總管理所有剩下的廠房，但是不斷增加的進口產品最終還是讓TNS走上關門一途，在二〇〇九年出售最後兩座紡織廠。奇科一直待到工廠關門為止，結束一輩子在紡織業的職場生涯。

當奇科在七〇年代一路往上升遷時，美國人所穿的衣服有四分之三是在境內生產，不過那時進口商品的威脅已經迫在眼前。國際女裝聯合工會（ILGWU）因此採取愛國主義訴求，以「發現工會商標」之詞在電視上打廣告。一九八一年有個廣告畫面是由一位頂著羽毛剪的女士，穿著深紅色斗篷式套頭上衣，告訴觀眾：「這件不是進口商品，這是我們自行生產的上衣……我們把工會認證的商標繡在這個位置，讓你知道我們有辦法讓每個美國人實現夢想：擁有一份工作、認真付出、獲得應有的合理報酬。當你看見這個工會商標的時候，請記得我們就在這裡，在美國，用製作你們所穿衣服的方式謀生。」到現在還是可以在很多一九九〇年以前製作的衣服上，找到繡有該工會商標的痕跡。

美國紡織廠與成衣廠的老闆當然沒有閒著，他們透過結盟的方式進行政治遊說，針對出口服飾商品到美國的國家設立配額制度加以設限。一九六二年，美國只有一項針對紡織品的出口限制協議，限制對象只有日本，但到了一九九四年，不但貿易限制的項目越來越多，限制對象也擴及四十個國家，當年差不多半數的進口服飾都是法規限制下的結果。

第一個全球配額制度：多重纖維協議（MFA），在一九七四年終於塵埃落定，把各種不同的限制規範統整在一起。根據該協議規範，一旦進口數量高到會造成威脅時，已開發國家可以設定從開發中國家進口成衣數量的上限。這份協議是複雜的配額制度，採單一國別的基礎，限制進口項目包括棉針織衫到藍色牛仔褲，總計超過一百多種不同的成衣類別。

塑造全球成衣產業樣貌的多重纖維協議，從一九七四年實行到二〇〇五年才廢止，不過其影響力仍延續到今日。每個國家保有自己出口配額的前提就是，每一年的出口都要達到配額規定的數量，卻導致另一項見不得光的新興行業：配額掮客。

蘊藏金脈的礦山

此外，多重纖維協議讓其他國家搶食美國進口配額的結果，也造成另一個比較明顯的現象：美國以外成衣廠雇用的勞動力多到不成比例，這些大規模成衣廠動輒雇用數千名員工，最近幾年在中國的成衣廠更是如此。瓦德說，這些海外成衣廠的規模大到無法接受區區幾百件的訂單，甚至幾千件的數量也沒放在眼裡。這些成衣廠期待的合作對象是，像傑西潘尼一樣可以下單數十萬件襯衫、禮服的買家，結果是美國零售業者把大規模的採購訂單移轉到國外的成衣廠，也只有海外大型的成衣廠有能力雇用為數眾多的員工，引進昂貴或大型的機器設備處理這些大單，甚至有能力蓋員工宿舍。

對美國服飾零售通路業者來講，有能力處理大單的海外成衣廠就像是蘊藏金脈的礦山，因此會想方設法在配額制度下搾取最多的利潤。他們會與世界各國的成衣廠建立合作關係，利用每個國家能夠節省的成本。GAP連同旗下的服飾品牌在二〇〇三年向四十二個國家、一千兩百家成衣廠下單，擁有各種品牌的麗詩加邦服裝公司（Liz Claiborne）則是從四十個不同的國家進貨。多重纖維協議並沒有發揮阻擋國外商品進口到美國的功效，反倒幫其他國家的成衣業迅速成長，譬如孟加拉的成衣廠就利用寬裕的配額大賺一票。

海外尋求供應商的做法還促成另一種新型態的服飾公司：只負責設計、銷售，不負擔生產製造。海外的廉價勞力在八〇到九〇年代之間造就了耐吉或是GAP此類受人推崇的品牌業者與通路巨擘，讓他們可以將沉重的生產負擔全數外包。只專注經營自有品牌的營運方式，讓這類業者享有巨大的成本優勢，用進口取得貨源的方式讓他們如虎添翼。一九九五年，美國的服飾業還有半數留在國內生產，當時GAP已經有百分之六十五的貨源來自國外，且成衣產業發展公司曾提議要該公司把試驗性質的服飾留在美國生產，不過直到今天都沒有實現。瓦德自問自答地說：「我問他們為什麼不先在美國生產幾百打成品，看看市場反應如何，再把需要大量生產的交給海外供應商呢？可惜他們從來沒有認真考慮。」耐吉更是從來沒有在美國生產一雙球鞋。關注血汗工廠議題的法蘭克（T. A. Frank），在二〇〇八年四月號《華盛頓月刊》透過一篇文章指出，耐吉的營運方針是建立在不生產球鞋的前提，耐吉只負責設計與行銷，就算是在剛成立那幾年，號稱是美國國民運動鞋的耐吉球鞋都是在日本或台灣生產。

包括GAP、傑西潘尼、席爾斯、耐吉等等很早就採用進口商品供貨的業者，其實就是我們會常去選購服飾的商家。這並非巧合，標準普爾在一九九〇年的成衣產業調查報告中指出，從海外進貨、專注經營自有品牌的業者，往往在訂價時享有百分之六十五到百分之七十五的溢價，留在國內生產的品牌相對之下只享有百分之五十到六十的溢價。低度開發國家的工資非常低廉，譬如薩爾瓦多在一九九五年的時薪只有五十六美分，因此進口服飾業者需要負擔的勞動成本還不到商品零售價的百分之一。

進口商品可以提供同等甚至更好的品質與樣式，價格比本土的競爭對手便宜一大截，這讓美國成衣廠失去競爭力，除了宣佈關門或是跟進轉型成進口商之外別無他法。艾普鮑（Richard P. Appelbaum）和班納奇克（Edna Bonacich）在二〇〇〇年合著《商標之外的故事》（*Behind the Label*）書中提到，利用廉價勞力的服飾業者把競爭壓力加在尚未降低勞動成本的同業身上，驅使所有人不得不加入降低成本的價格競爭。GUESS原本只向洛杉磯成衣廠進貨的服飾品牌，在九〇年代末期只花六個月就把在美國生產的商品數量調降百分之四十，李維牛仔褲是最後一批選擇產業外移並投入價格戰的知名品牌之一，他們設在德州聖安東尼奧的最後一間工廠也在二〇〇四年關門大吉。

就像是大型機器，從放慢運轉到停止再慢慢朝反方向運轉一樣，美國服飾的進口限制在九〇年代中期逐一廢止，因為服飾跨國貿易而流失的工作機會，也在激烈的自由化與廢除配額制度後幾年衝上最高點。洛杉磯成衣業遭到的第一波打擊是一九九四年批准生效的北美自由貿易協議（NAFTA），此後來自墨西哥的進口商品都享有零關稅待遇。北美自由貿易協議造成許多美國服飾業者將裁剪、縫紉的工作，移到墨西哥靠美國邊界的加工出口區，要是他們在美國也跟在加工出口區一樣支付低於法定最低薪資，一定會被罰款。梅契克回憶：「所有工廠帶了全部的機器設備，通通移到墨西哥去了。」北美自由貿易協議生效後第一年，洛杉磯成衣業喪失數萬個工作機會，員工的薪資也被調低了。

隔年世界貿易組織（WTO）宣告，多重纖維協議設定的配額制度會讓已開發國家享有不公平的競爭優勢，必須在接下來的十年內逐步廢止。梅契克只要一提到多重纖維協議被廢止這件事就怒火中燒：「別想跟我談這個話題，好幾年來只要一談到這個我就會氣得拍桌大罵。這讓中國人把一頓又一頓的牛仔褲、T恤、運動衫通通倒進美國。聽清楚，單位是噸喔！」隨著多重纖維協議被逐年廢止，來自中國的服飾也呈指數成長。當二〇〇五年多重纖維協議全面失效的時候，從中國出口到美國的棉褲暴增十五倍，棉針織衫也成長十三．五倍，導致美國人失去一萬六千個紡織業的工作機會，並關閉至少十八家工廠。

到了二〇〇〇年，加勒比海國家貿易夥伴法案（CBTPA）、非洲成長暨機會法案（AGOA）提供這兩個地區的國家諸多鞋類與服飾的貿易優惠；接著是二〇〇二年的貿易法案（Trade Act），承諾要對玻利維亞、哥倫比亞、厄瓜多、秘魯等國進口的大多數服飾與鞋類商品免除關稅。然而，一旦考慮中國服飾大舉入侵，這些法案的相關國家在美國服飾市場的佔有率就毫無重要性。

關少蘭調查多重纖維協議廢止後，對洛杉磯成衣工人造成哪些影響。根據她的說法，配額制度被廢止後，洛杉磯成衣廠工作機會消失的速度，就好像自由落體一樣。原本薪資就夠低了，現在還要面對更嚴重的打擊；她說：「我們發現工人的薪水在多重纖維協議廢止的那一年下滑百分之九，要在成衣廠找到一份工作變成相當困難。」關少蘭還發現，大多數失業員工都來自非英語系國家的移民，只好改行從事保母、家庭看護等待遇更差的工作，甚至只能依靠打零工過活。

二〇一一年三月，記者蘇斯曼（Nadia Sussman）在《紐約時報》網站公布一支紀錄片《縫紉工的悲歌》（*Struggling to Stitch*），呈現了紐約成衣工人的生活。蘇斯曼在大清早前往第八大道和西三十八街交會處的曼哈頓成衣區，訪問在那邊排隊爭取縫紉、包裝、燙衣服或剪線頭工作機會少得可憐的西班牙裔日班工人。她發現與洛杉磯的狀況很相似，成衣工被迫轉行接受工資更低的工作，像是家庭清潔跟保母，有些人乾脆選擇回到母國重新開始。成衣產業現在越來越難成為移民工在美國經濟體系內的救生圈，更糟糕的是，也找不到其他勞動市場能夠取代原本成衣產業的就業機會。

低薪問題不只影響移民工與成衣工，根據美國經濟政策研究院（EPI）的報告：「國外激烈的競爭與廉價勞力不但拉低美國工人的薪資水準，也減損他們面對資方的談判能力。」受到全球化的影響，二〇〇六年一份全職工作的年薪中位數，已經比以前少了一千四百美元。美國人的工作待遇早在這一波經濟不景氣之前，就朝向兩極化發展，《紐約時報》在二〇一〇年從多份經濟研究報告中歸納出，需要受過高等教育、強調專業技能的高薪工作機會，與零售、服務業低薪、入門等級的工作機會同步成長，這個趨勢顯然與美國喪失製造業工作機會有關。需要一定技能、中等收入，曾經是美國工廠就業人數最大宗的工作機會反倒消失了，消失的速度比當前不景氣發生的時間點還要早。

普遍來講，工作機會已經變得越來越少，迪帕瑪告訴我：「造成美國失業問題嚴重的最大原因來自製造業，這些被迫失業的工人能怎麼辦？世界各地的人都帶著一技之長來到美國，希望在此找到一份工作，因為他們知道只要認真工作就能得到更多報酬。懷抱這種期望來到美國的人越來越多，但是美國已經沒辦法提供這些工作機會了。美國不是一個好吃懶做的國家，問題是我們真的已經沒有職缺了。」

Dynotex是一家位於紐約布魯克林綠點區（Greenpoint）的成衣廠，成立於一九九九年、美國業者面臨國外競爭最激烈的時候。香港出生的黃艾倫（Alan Ng）搬到紐約前已經在中國成衣界累積二十年資歷，儘管未來看似困難重重，但是黃艾倫到了紐約還是決定投入成衣產業。成立成衣廠之後沒多久，黃艾倫決定把工廠從曼哈頓成衣區遷到綠點區以節省租金。

他的第一位客戶是傑麥可勞夫林（J. McLaughlin），一個現在已擁有超過五十個據點、專門經營自有品牌的服飾零售商。當營運規模逐漸擴大後，傑麥可勞夫林開始向國外成衣廠採購，迫使黃艾倫重新定位經營模式。現在他主攻高檔設計工作室的小量訂單，與達瑪成衣的做法相去不遠。

設計師的生存之道

當時尚設計師踏上品牌經營這條路時，委託海外成衣廠代工生產並不是值得考慮的選項。大多數新銳設計師欠缺經費前往國外進行商務旅行，也沒有能力進行大規模的採購，而以小規模訂單而言，從國外進口需要負擔的各種費用加總起來，與在美國境內生產差不多是一樣貴，更不用提大多數國外的成衣廠根本不接受小規模訂單。黃艾倫說，就算批次訂單數量少到四十件都可以讓他的成衣廠開工，而客戶單一款式的下單數量通常在四百件上下，這個數量看似很多，但是黃艾倫告訴我：「國外的成衣廠對於這個數量根本不屑一顧，他們的生意起碼都是從一千件規模開始談起。」

黃艾倫不只願意承接小規模的訂單，還提供技術水準較高的縫紉工法，以及製作模版、試做樣品等額外服務以維持競爭力，他表示：「我們成衣廠的主要賣點是好品質、好手藝，可以替客戶解決設計風格和整體結構等細部問題。」他認為，他的成衣廠只有兩條求生之道：「其一是我們做得出高階產品，其二是扛著我們是來自紐約的成衣廠招牌。」黃艾倫的成衣廠生產一件衣服的平均報價是二十美元，算是紐約成衣廠當中最高的一家，對於這一點黃艾倫表示，自己非常心安理得。

萊波雷（Nanette Lepore）是一位受人尊重的女裝設計師，現在還維持百分之八十五產品在美國生產，月產量介於兩萬件到三萬件。執行助理沃夫（Erica Wolf）說，萊波雷偏好紐約成衣廠的原因，是因為她可以利用當地還保存的特殊技能，譬如專業的打版師，與手藝高超、可以處理高階後製工作的女裁縫師，讓自己推出的服裝更加有型。沃夫告訴我：「曼哈頓成衣區不會生產H＆M那種穿不了幾次的衣服，也不會想要趕時髦，生產只能穿出門三星期的衣服。」紐約當地的成衣廠也可以讓設計師鉅細靡遺地掌控生產過程，讓他們有機會趕在生產前做最後調整、做好品質控管，沃夫說：「萊波雷認為，紐約成衣廠從接訂單到交貨這期間都表現很好，提供了不起的生產規劃與品質保證。」

雖然紐約的服飾給人作工精細、高檔貨的印象，當地的成衣廠也讓設計師更有辦法實現創意，但是由於競爭激烈，黃艾倫認為紐約製作成衣的成本，多年來幾乎沒有波動，改變的是消費者對於成衣售價的預期，以及他們會挑選的服裝款式。如同沃夫所提，不論是萊波雷的訂價或是黃艾倫的客戶售價，都不像H＆M或是標靶那樣便宜，紐約所生產的服飾也很少是趕流行的消耗品。美國本地的成衣廠當然還兼具意願與能力生產價位適中的成衣，譬如黃艾倫的成衣廠所生產上衣的零售價約一百二十五美元、褲子一百五十美元、夾克二百美元，萊波雷大多數套裝的零售價格則介於二百四十到四百美元。

上述零售價在一個世代以前都算是常見的價位，也只佔美國人每年治裝費用的一部份而已，但是現在看起來都顯得太貴了。零售產業分析師現在所定義的合理價位是：上衣二十九到六十九美元，褲子與裙子四十九到一百一十美元。由於平價服飾隨手可得，美國成衣界在生產、銷售以往被視為合理價位的服飾時，只好隨機應變，塑造高檔貨的形象。

黃艾倫回想自己剛從香港移民美國時，非常看不慣美國人把衣服當成消耗品的態度，他不以為然地說：「時常看見一般消費者只因為不想在兩三個月後穿著同一件衣服，就跑去買平價的衣服，他們寧可挑六十、甚至是一百件單價二十美元的衣服，也不願意花一百五十美元好好挑選一兩件衣服，實在是浪費。」如果消費者沒有把數量看得比價格還重，不會因為流行趨勢而忽略創新設計風格，或許美國本地生產的成衣售價看起來就不會那麼誇張了。

美國人現在對平價服飾的期待源自其他國家偏低的生產成本，黃艾倫時常收到各種有趣的合作提案，但是其計價基礎都只能在低工資國家才能生產。有一家公司找他想要採購一批零售價格五美元的嬰兒圍兜，這個價格甚至不敷生產成本，另一家公司則想採購五十雙在店內標價七．九九美元的襪套，黃艾倫表示：「聽到那種售價我就不想討論，付給我廠內的縫紉工薪水都不夠。」寶寶反斗城（Babies "R" Us）也曾經找他，提議設置一條專屬的T恤生產線，黃艾倫估算後開給對方一件二十到三十美元的報價，但這家大型批發商認為這種價格賣不到半打。

對平價服飾的期待心理也對服裝設計師造成不利的影響，好比二〇一一年春天發生在well-spent.com網站上的一場筆戰。該網站專門發掘「便宜到有剩」的地方特產與手工製品，在紐約經營男裝品牌UNIS的設計師李（Eunice Lee）被網站的留言批評她所推出的卡其褲訂價二百二十八美元實在太貴了。一位自稱是傑森的網友留言；「平凡無奇、就跟碼頭工人（Dockers）賣的卡其褲一樣。老實說，UNIS這件看起來更容易有皺摺，居然要價二百二十八美元，何況還沒貼有機認證標籤呢！我知道UNIS的衣服都是在紐約手工縫製，但是如果沒辦法用低於二百二十八美元的價位做出一件兼具時尚的卡其褲，這樣的訴求是吃不開的。」

李女士長篇大論在該網站上回文，逐一分析產品的生產成本。她說UNIS是個小品牌，每一批衣服的生產規模都相對小，所以沒辦法像碼頭工人服飾一樣發揮經濟規模優勢，此外，

UNIS的品質有所不同，卡其褲採用義大利製的雙重棉布，剪裁比較有型，更何況褲子上的鈕釦還是用果實鈕釦做成的，更重要的是，在美國本地生產的UNIS並沒有多少供貨商可以提供具有競爭力的報價。在這篇寫給傑森的回文中，李略顯激動地提到：「這是身為消費者的你，做出選擇的結果。你選擇購買便宜的商品，業者就必須順從你的期望，因此把生產線移到國外！」

史塔巴克（Eliza Starbuck）是另一位經營個人品牌的服裝設計師，該品牌名稱是Bright Young Things，在二〇一一年成為都會服飾公司的採購對象之一，先決條件是她必須苦思如何在有限的成本控管下供貨。一家主攻大學生市場的連鎖服飾店，絕大部份商品價格都在二百美元以下，但是史塔巴克不想更換原本做衣服的布料，她的產品多半採用對環境友善的人造混合纖維天絲，穿起來的感覺很像是帶有絲質感的棉絮，她委託位於中國城的成衣廠負責生產，除了她的訂單數量不足以讓國外成衣廠代工，能夠在紐約當地製造對她而言也很重要。史塔巴克說，跟她合作的成衣廠沒辦法維持穩定的生產，因此願意提供相當優惠的代工價格，她說：「這樣的報價真是太低了，要不是有這些成衣廠願意配合，我恐怕沒機會成為都會服飾公司的採購對象。他們大概只向我收取正常費用的一半吧。」一件Bright Young Things的背心售價是八十九美元，連身裙禮服是一百七十九美元，雙層卡其夾克是二百四十美元，可調鬆緊的長褲訂價則是一百八十八美元。

消費者可能會懷疑，這種價格一定可以讓店家或設計師海削一筆，不過史塔巴克說，她跟都會服飾公司都盡可能採薄利多銷的策略才有辦法訂出這種價格，否則他們的主力客群，特別是那些手頭並不寬裕的大學生，看到再高一點的價格一定會掉頭走人。美國人深信越便宜的服飾才是童叟無欺，因此往往用懷疑的眼光看待設計工作室精緻卻不便宜的商品，不過在史塔巴克為我分析在美國投產基本款的服裝需要多少成本後，我反而認為比她的說法更低的報價才是不正常。

我承認，當我看到Forever 21拍賣十三美元的背心，或是H&M標售十五美元的連身裙，都會讓我的眼睛發亮，但是看著設計工作室用十倍的價格銷售產品，卻只能勉強達到損益兩平，這時我已經無法理解，所謂的平價到底是怎麼一回事。不斷追求更便宜服飾的渴望，勢必會徹底消滅美國本地的成衣產業，讓小型服裝設計工作室與獨立服飾店越來越難找到供貨管道，想要訂合理利潤的價格好支付員工薪水的想法，就更是天方夜譚了。

Chapter 03

昂貴時尚與平價成衣的友誼

庫桑斯（Kimberly Couzens）是位六呎高、二十來歲的金髮女孩，她的消費型態跟我完全相反。她會買范倫鐵諾一個要價二千五百美元的手提包、LV（Louis Vuitton，路易威登）一個要價七百美元的皮包、Miu Miu一雙要價三百美元的紫色平底鞋。她的衣櫥裡大多是美國當代知名設計師的作品，譬如馬克雅各、弗斯滕伯格（Diane von Furstenberg），而且她只會去曼哈頓的精品百貨公司消費，像是薩克斯第五大道（Saks Fifth Avenue）、波道夫古德曼（Bergdorf Goodman），這些百貨公司的營業員跟她很熟，只要有新貨上架就會通知她去試穿。某日有雨的午後，我與庫桑斯走進薩克斯第五大道百貨公司，她告訴我：「下班後我幾乎天天到百貨公司逛逛，但只是看看而已啦。」庫桑斯的購物方式相當精明，我就沒那份耐心與自制，更別提銀行裡少得可憐的存款。我認識庫桑斯的時候，她是從事財經新聞編輯工作，年薪四萬二千美元。這種薪水對大學畢業剛進入社會的新鮮人而言，算是非常好的待遇了，但是也不可能足以讓她隨心所欲地選購高價位的名牌。如果對某位設計師的產品愛不釋手，她會等到百貨公司大拍賣時再出手，或者在拍賣網站上碰運氣。她也會在拍賣網站上標售自己以前買的服飾，再以這筆收入當作下次採購資金。她有時候也會失去理智，一時衝動以原價買下名牌，有一次她指著一雙普拉達（Prada）最平民化價格三百美元的紫色鞋子說：「這是我買過最貴的一雙鞋，也是很慘的經驗，因為紫色鞋很難搭配衣服。」她說寧可去買香奈兒（Chanel）的黑色平底鞋，自己應該比較有機會穿這種鞋子出門。別忘了，一雙香奈兒經典款平底鞋的售價約從五百美元起跳。

我是透過庫桑斯個人網站EliteGossipGirlStyle.com認識她的，這個網站專門研究風靡青少年的電視劇《花邊教主》（*Gossip Girl*）劇裡主要角色的穿著打扮。這齣戲的演員打扮都非常時尚，而且充滿上流社會氣息：一群在紐約曼哈頓上東城就讀貴族學校的高中生，動輒拿出六百美元購買手提包，或是穿知名設計師設計的二千美元外套。庫桑斯除了會購買超出自己財力所能負擔的服飾外，基本上是一位腳踏實地的年輕女性，在她的部落格裡嚴謹地辨識出劇中每個角色的服飾配件是出自哪位設計大師之手。值得一提的是，《花邊教主》每一集都有十來位主要角色登場，庫桑斯還是有辦法用超連結的方式告訴網友去哪裡購買這些衣服。

這個部落格在二〇〇九年人氣最旺的時候，一個月超過五萬次點閱紀錄，瀏覽人大都是像庫桑斯一樣喜歡設計大師的作品卻不見得買得起的年輕女性。預算有限並不會阻斷她們購買名牌的願望，庫桑斯有一只為她贏得不少讚嘆的范倫鐵諾紫水晶色手提包，其實就跟曼森（Taylor Momsen）在《花邊教主》劇中使用的那個手提包一模一樣。有一天下午，《花邊教主》劇組剛好前往庫桑斯辦公室附近取景，讓她有機會直接跟曼森談話，並向曼森展示自己的那只手提包。出乎意料，曼森本人跟劇中所扮演的富家女角色沒有多少共通點，庫桑斯告訴我：

「她說她自己雖然很喜歡那個手提包，但是卻買不起。」這句話讓庫桑斯開始懷疑自己嚮往高檔貨的心態，似乎有點不對勁。

庫桑斯是追求平價服飾的反例。既然有人會用平價服飾打扮自己，當然會有人一擲千金買設計大師充滿異國風味的連身裙裝。十年來受到服飾價格下滑的影響，現在高檔貨的標價更顯昂貴，女裝價格從一九九八到二〇一〇年平均上漲兩倍半，佔一成的最貴服飾，平均單價從二百美元攀升到六百美元。即使知名度較低的設計師作品也是從好幾百美元起跳，甚至有些標價一千美元。

受到《慾望城市》影集的影響，收入普通的女性開始注意標價貴到不合理的服飾。該影集是HBO頻道在一九九八年首播，差不多是我去Old Navy買三件二十美元、每件都像紙片一樣薄的上衣之時。莎拉．潔西卡派克在影集中飾演凱莉一角，瘋狂愛上曼諾羅布雷尼克（Manolo Blahnik）一雙五百美元的鞋子，另一位由凱特羅（Kim Cattrall）飾演的莎曼珊則是對愛馬仕（Hermès）訂價四千美元的柏金包（Birkin）迷戀不已。整部影集在二〇〇四年結束的時候，劇中凱莉與那些女性友人喜歡的設計大師之作，不論是鞋子或是手提包，在真實世界的價格也都一飛沖天。曼諾羅布雷尼克的鞋子現在訂價約八百美元，柏金包不含相關材質升級或加工費用的基本訂價，大概是九千美元。儘管如此，還是有許多女性醉心於這些設計師加持、訂價超高的名牌。

伊森柏格（Alexandra Isenberg）在九〇年代末離開歐陸前往倫敦著名的中央聖馬丁藝術與設計學院（CSM）就讀時，社會大眾對於時尚的認知還相當匱乏，她說：「十年前，誰能講出《時尚》雜誌編輯的名字？可是現在溫圖（Anna Wintour）已經是家喻戶曉的人物了。以前除非你的錢花不完，否則不可能聽過馬克雅各、香奈兒或是愛馬仕這些知名品牌，但現在這些品牌已經成為許多人渴望擁有的商品了。」

現在我們對於時尚設計大師的動態都有敏銳的嗅覺，只要看看奧斯卡頒獎典禮由紅地毯鋪成的星光大道，或是隨手翻翻亂七八糟的時尚雜誌還是八卦小報，馬克雅各、香奈兒或是愛馬仕這些知名品牌已經耳熟能詳，《慾望城市》、《花邊教主》和《決戰時裝伸展台》（*Project Runway*），這些電視節目充斥著時尚設計師的作品，還有網際網路可以讓消費者獲得與《時尚》雜誌不相上下的流行資訊。早年伊森柏格還在就學時，如果不想等半年才能在零售店看到新季時尚商品，就得花一百美元買《集合》（*Collezioni*）雜誌才能一窺最新的時裝秀有哪些設計概念，現在則透過網際網路就可以即時掌握時裝秀的最新資訊。我之前在《紐約》雜誌工作，每當紐約秋季時裝周登場時，偶爾也要熬夜把模特兒走秀的照片上傳，這就是網際網路在現代社會非常實用的一面。

伊森柏格現在主持一個時尚新聞部落格「尋找有型」（Searching for Style），她認為社會名流是提高時尚設計師知名度的關鍵因素。亞曼尼（Giorgio Armani）很早就藉由好萊塢的潛在商機打開知名度，他們讓基爾（Richard Gere）在一九八〇年《美國舞男》（*American Gigolo*）電影中從頭到腳都穿亞曼尼的服飾。不過要等到伊森柏格離開歐陸時，社會名流才開始與時尚商品結合在一起，她回憶：「突然間，在時尚派對或是時裝秀都能看見社會名流的身影。」

另一個部落格「省錢小資女」大部份內容都跟社會名流的高檔服飾唱反調。責任編輯巴洛斯告訴我，她對於社會名流的穿著一點興趣也沒有，她說：「很明顯，如今所謂的時尚有很大部份是狗仔偷拍名人的穿著，透過替時尚品牌打廣告的方式換取免費贈品。」她在部落格的文章也採取相同角度看世界。隨著「省錢小資女」逐漸打開知名度，巴洛斯每天都會收到十來封由品牌服飾、設計師或公關公司發給她的新聞稿，請她留意某些社會名流都穿什麼，她說：「我收到一則新聞稿說，派特洛（Gwyneth Paltrow）身上那件長裙禮服要價三百美元，對方可以提供我另一件相同禮服。」巴洛斯不但沒有引導讀者去接受設計師的觀點，反而教讀者去連鎖平價服飾店挑選適當搭配就可以產生類似效果的衣服。

服裝設計師長期以來都屬於相對低調不顯眼的角色，因此很難說明為何現代社會對他們產生莫名的崇拜。二十世紀初期，巴黎的女裝設計師會在某些特定的社交圈內享有盛名，不過就算美國女性會去百貨公司購買仿巴黎風格的洋裝，她們也不會知道這些洋裝風格是出自哪些設計師之手。直到六〇年代以前，百貨公司銷售的服飾上面都只掛上店家或是成衣廠的標籤，達瑪的廠長迪帕瑪說：「那時候你可能會買到亞伯史瑞德以喬依（Joey G.）、邁爾斯（Morton Myles）或是其他名字設計衣服，但是這些人都不是設計師，他們都不曾用鉛筆畫過設計圖，基本上是一群生意人。」那時候的設計師只是生產團隊中的一份子，不是團隊中的明星，他們的工作就是把設計圖交給成衣業者，如果這款設計市場反應不差，他們才能保住飯碗。

奢華服飾　虧損的錢坑

設計師提供成品供人試穿的概念在六〇年代逐漸成熟，雖然他們從此開始嶄露頭角，不過那時候的規模跟現在完全無法相提並論。根據時尚記者亞金斯（Teri Agins）的說法，雷夫羅倫和凱文克萊在六〇年代末只需花一萬美元就可以創業，等到九〇年代，發展自有品牌的進入門檻已經飆高到一百萬美元，高檔時尚現在更是一個誇飾浮華、高度市場化，需要仰賴大企業靈活經營的產業。

舉辦時裝秀已經成為一場花費百萬美元的盛會，根據《富比世》（*Forbes*）財經雜誌報導，牛仔褲品牌搖滾共和（Rock & Republic）在二〇〇七年花二百五十萬美元舉辦紐約時裝秀，伊夫聖羅蘭（Yves Saint Laurent）為了在巴黎羅丹美術館取得絕佳的展示地點就花一百萬美元，好萊塢明星現在也願意收取代言費，把設計師的作品穿上紅毯或直接在時裝秀會場露面。儘管沒人承認，但據說社會名流只要出席時裝秀，穿上設計師打點好的服裝坐在第一排，記者訪問時替設計師多說點好話，就能獲得五萬美元報酬。

亞金斯還說，當華爾街的影響力滲透進高檔時尚產業後，設計師要不就是越玩越大，不然就回家吃自己。一九九五到一九九七年總共有四十家時尚公司公開上市，包括湯米席爾菲格、雷夫羅倫、瓊斯服飾（Jones Apparel Group）、GUESS、唐娜凱倫（Donna Karen）等商品售價走大眾化路線的品牌。像雷夫羅倫這種能推出經典款、一直有產品上架的品牌，比較能符合投資人對上市公司業績成長的要求，但像是唐娜凱倫這種強調設計感的品牌，很快就會理解公開上市到底是怎麼回事：「隨便你要走奢華風，要用開士米羊毛還是人造纖維甚至要推出什麼色系的衣服，重點是要達成業績目標。」

近幾十年來，很多女裝設計工作室與提供成品試穿的品牌業者整併成大集團。法國富豪阿諾特（Bernard Arnault）在一九八七年收購克麗絲汀迪奧（Christian Dior），LVMH集團也在同年誕生，根據湯瑪斯女士（Dana Thomas）在《奢華如何失去風華》（*Deluxe: How Luxury*

Lost Its Luster）一書中所言：從那一年開始，奢侈品產業再也沒有小品牌的容身之地，改由財力雄厚的金主接手進行全球擴張。如今ＬＶＭＨ集團共有六十個不同的時尚、精品與零配件品牌，包括屬於時尚主流的芬迪（Fendi）、紀梵希（Givenchy）與馬克雅各，排名居次的奢侈品大集團是ＰＰＲ，擁有ＢＶ（Bottega Veneta，寶緹嘉）、古馳（Gucci）、伊夫聖羅蘭、巴黎世家（Balenciaga）、伯夐（Boucheron）、塞喬羅西（Sergio Rossi），同時持有亞歷山大麥昆（Alexander McQueen）、史黛拉麥卡尼（Stella McCartney）半數的股權。

我們通常會把新時代創造奢侈品獲利方程式的功勞，歸給在一九九四到二〇〇四年擔任古馳創意總監的福特（Tom Ford），他的獲利原則就是把高毛利的服飾配件與手提包，設法賣給社會大眾。只要隨手翻閱任一本時尚雜誌，就會發現上面充滿各種手提包、鞋子、手錶、墨鏡、香水的全頁廣告，這就是時尚業者刺激消費、創造利潤的方式。昂貴的手提包是零售史上最生財有道的商品之一，湯瑪斯發現這項商品的溢價比生產成本高十到十二倍。伊森柏格剛出道時曾擔任法國奢侈品牌桑麗卡（Sonia Rykiel）的設計師，她說品牌鞋子溢價出售的情形也好不到哪裡：「以前只要花三百五十美元就可以買到一雙人人稱羨的鞋子，現在卻可能要花八百美元。我不知道這個產業發生什麼事，但是這些產品的毛利率確實越墊越高。」

座落在紐約中央公園旁、沿第五大道林立的品牌，形同一座豪華奢侈品碉堡，店裡播放的廣告片幾乎毫無例外都在外國取景，不過他們非常清楚行銷對象就是橫跨美國各州，會在人行道駐足瀏覽的女性。店內的擺設大同小異，一樓一定最受歡迎、最受注目，可以撐起店內派頭的商品，不外乎是圍巾、珠寶之類的飾品配件，佔最多空間的當然是手提包。有一次我逛街經過這些名牌店，只看見LV店內有一群女大學生聚集在折扣皮包前，每個包包上都有由L跟V兩個字母交錯疊成顯眼商標。越高樓層的來客數就更少，這邊陳列的商品以服飾為主。

儘管高檔名牌貨現在已經是一個生意興隆的市場，但服飾類商品卻只佔損益表中不起眼的一角。一般公認，馬克雅各推出的服裝系列是參考LV每季的流行趨勢，但業績只佔LV集團裡小小的百分之五，一位名牌店的業務員向湯瑪斯坦承，對大多數奢侈品的品牌業者而言，服飾類商品都被當成虧損的錢坑。儘管能否把衣服賣出去這件事無關緊要，但是推出時裝秀或是請知名女星穿上名牌設計師的作品走上紅毯，卻是維持品牌形象的必要措施。設計師可以透過這些機會高調地回應記者提問，讓消費者著迷於他們的名號，藉以帶動其他高毛利商品，例如手提包、鞋子，或是飾品配件這種高利潤商品的銷售業績。

不過話又說回來，高檔名牌設計師的服裝還是創造驚人的效果，在無預期的狀態下驅動消費者對平價服飾的需求，一旦我們意識到這些奢侈品的價格有多高之後，則H&M、標靶或是Forever 21的標價看起來就更令人難以抵擋了。像我這種愛撿便宜的消費者，就會把平價服飾當成一種榮譽獎章，顯示自己不會像其他人一樣為了設計師的名號就花那麼多錢。《消費心理學期刊》（*Journal of Consumer Psychology*）主編，也是南加州大學馬歇爾商學院行銷學教授朴鐘桓（Choong Whan Park）表示：「奢華時尚商品的功能就是替平價商品的市場鋪路，當人們選購相對便宜的商品，總會以奢侈品價格作為參考。」對某部份消費者來講，時尚設計師不斷曝光的廣告還有一種不同的效用，就是創造渴望，用負擔得起的價格購買設計師的作品來滿足需求，而這一群消費者同樣可藉由平價服飾店得到滿足。

二〇一一年九月十四日，一系列針織衫產品上架的訊息癱瘓了標靶的網站。這條產品線來頭不小，是義大利名牌米索尼大膽前衛、色彩豐富Z字形條紋的針織衫，零售價一千美元起跳。那一天無法瀏覽標靶網站的訊息和米索尼設在明尼波里斯購物中心的巨大人偶的照片塞爆我的臉書，讓我總算知道自己社交圈內有多少朋友關注這個義大利名牌。美國電視新聞網用史無前例一詞形容這起事件，認為這則新聞的影響力不下於著名的黑色星期五，顯然標靶與米索尼的合作關係的確觸及廣大消費者對名牌設計服飾的渴望。

標靶早在二〇〇三年就試驗性地跟名牌設計師米茲拉希建立合作關係，不過實際上卻是H&M無所不用其極地說服時尚設計界最耀眼的明星，為他們提供限量商品。香奈兒王牌設計師、芬迪藝術總監，充滿活力留著白色小馬尾的拉格斐（Karl Lagerfeld）是第一位跟H&M

合作的名牌設計師，根據他自己的說法，在那之前他從未踏進H＆M的門市，他告訴《獨立早報》（*The Independent*）對H＆M的第一印象是因為在香奈兒遇見一位穿著得體的女士，他向她恭維幾句話，她說：「喔，這是在H＆M買的，香奈兒我可買不起。」

拉格斐首次跟H＆M合作推出限量三十件套裝的時候，那天H＆M在紐約先驅廣場的分店早已萬頭鑽動。這批限量商品包括三十四．九美元的絲質洋裝、四十九．九美元的男裝禮服、一百二十九美元的羊毛西裝外套，價格相對於H＆M的服飾都貴許多，不過這批限量商品到貨後沒幾天就銷售一空，在巴黎的盛況更足以用秒殺形容。這次合作讓H＆M該月業績成長百分之二十四。

之後每季總會有走大眾化路線的服飾店，敲鑼打鼓地宣佈與知名設計師的合作，希望能創造他們的拉格斐效應，讓徹夜排隊的民眾瘋狂湧入店內，在一瞬間拉出業績長紅的氣勢。H＆M藉由一連串與名聞遐邇名牌設計師的合作，包括浪凡（Lanvin）、川久保玲（Comme des Garçons）和凡賽斯，成功改變原本便宜沒好貨的形象，優衣庫、沃爾瑪和GAP也採取和知名設計師合作的模式，Forever 21當然也不落人後，標靶現在也有數十位合作對象，包括羅達特（Rodarte）、塔庫恩（Thakoon）和普羅恩薩施羅（Proenza Schouler）。

米索尼提供給標靶的商品與真正米索尼的衣服還是有很大差別，後者採用小羊毛、人造絲、羊駝，和其他高級纖維混合而成的材質，並且在米蘭市郊自家工廠內製作成衣，另外則有網友指出，標靶所販賣的米索尼是在中國採用丙烯酸人造纖維材質製成。不過這一點並不重要，消費者要的是名牌的頭銜，哥倫比亞廣播公司的記者尤西岡（Ysolt Usigan），在米索尼商品正式在標靶上架那一天於「科技對話」（Tech Talk）網站發表一篇文章，說她總算以二百美元在標靶網站買到屬於米索尼的商品，可以挑選的款式包括上衣、毛線衣、毛線裙、連身套裝，她寫著：「我不知道穿起來的感覺好不好、搭不搭，也不知道合不合身，等下星期收到衣服再說吧。」以前會在意名牌服飾手工細緻度，或者會親自在縫紉機上做一件帶有米索尼或拉格斐風格服飾的女性消費者，現在只要去賣場排隊就能買到平價版的名牌服飾了。

為了清楚名牌服飾的實際銷量，我前往紐約歷史悠久的波道夫古德曼百貨公司一探究竟。從一九二八年起，座落在美輪美奐大樓裡的波道夫古德曼就設有女裝專櫃。這棟大樓隔街與中央公園南側入口相望，佔了一個街廓，一直以來都是有閒階級消磨時光的好去處。貴婦可以在頂樓的約翰巴瑞特沙龍（John Barrett Salon），一邊美髮一邊享受百貨公司提供專屬的購物服務，或是到奢華的BG餐廳用膳。波道夫古德曼有銷售奧斯卡德拉倫塔（Oscar de la Renta）、香奈兒、伊夫聖羅蘭等知名女裝，也可以在此買到吳季剛、凱瑪利（Norma Kamali）和寇斯（Michael Kors）等知名設計師的作品。

我在波道夫古德曼翻遍上百個衣服標籤，試圖理解這些名牌為何價格如此高。有些衣服的作工與布料的確有那個價值，譬如設計師魯奇（Ralph Rucci）的長禮服雖然開價好幾千美元，但是這些長禮服作工複雜，必須手工縫製才能完成一件堪稱藝術品的服裝。像是奧斯卡德拉倫塔的長禮服，也有這樣豐富的內涵。

有一些高檔名牌設計師的服裝，是因為採用高質感材質的布料，例如安哥拉羊毛、稀少珍貴的皮草、開士米羊毛或小羊毛，價格才會如此昂貴。掌管義大利名牌BV的德國籍設計師邁爾（Tomas Maier）就是以料子取勝，他對日本人造絲要求之高甚至要用雷射切割才能通過他這一關。在時尚圈絕對頂尖的領域中（通常是由一萬七千美元的皮草或是一萬美元長禮服所構成的世界），設計師腦海想的已經不是單純做出一件可以穿的衣服，而是如何把奢華元素的視覺效果發揮到極致，價格當然會高得離譜。朴鐘桓說：「這些名牌公司只打算把衣服賣給真正買得起的人。」換句話說，名牌的設計師會根據有錢客戶所能負擔的程度，不斷在細節處添加各種奢華元素。

達瑪替設計師製作一件在波道夫古德曼銷售的長禮服要價數千美元，廠長迪帕瑪認為，他們的工藝水準跟勞動投入值得這個價錢，我問他真的不會太貴嗎？他回我一句：「勞動投入的價值難以估算。」他強力捍衛自己的成衣廠，用略帶壓迫性的口吻解釋他們的專業水準：以手工方式在禮服上縫一串又一串的小墜珠，再把碎鑽、珠寶固定在禮服上，或是一針一線把蕾絲裝飾縫在結婚禮服上，全都是生產成本非常高的製作方式，迪帕瑪強調：「這些長禮服可是有設計師簽名認證的，是你在《時尚》雜誌或伸展台上才看得到的。」意思是，偷工減料就做不出這種等級的作品。

高價背後的成本

迪帕瑪能掌握的是縫紉成衣的勞動與布料成本，不過他還是可以看出稀有原料如何把衣服的零售價墊高。「我就簡單算給妳看。」他在計算機上按著數字，假設一位頂尖設計師以五百美元從國外進口一批有刺繡圖案的布料做禮服：「如果布料五百美元，我要收一百美元工資、二十五美元內襯、三美元墊肩和拉鍊，還有衣架、提袋和標籤，算五美元好了，成本就是六百三十三美元。」他的語氣像是在學校辯論比賽佔上風的學生。

其實沒有這麼簡單，放在店裡的禮服不可能只賣六百三十三美元。如果布料與勞動成本合計六百三十三美元，批發商至少要兩倍價錢（就是我們在清倉大拍賣買衣服的價格），如果這件禮服送到零售店，店家的開價會是批發價的二・二五倍，也就是說，消費者在店家貨架上看到這件禮服的標價會是二千八百四十八．五美元。在都會服飾公司經營自有產品線的設計師史塔巴克說：「樸素衣服的成本比較低，如果在義大利生產一件絲織的衣服，生產成本大約二百美元左右。」可是一旦算上批發商與零售商的基本利潤，這件衣服在架上的標價恐怕不會太低。

曾經被稱為針織女王的桑麗卡，是一位創意十足的法國時尚設計師，車縫外露不收邊是她的專屬風格。擁有一件桑麗卡衣服得花好幾百甚至好幾千美元。伊森柏格說，有些頂級設計師的訂價貴得離譜，不過大多數設計師並不會如此，桑麗卡就是其中一位。伊森柏格職業生涯就是從桑麗卡生產部門的實習生開始做起，因此掌握生產成本到最終零售價的第一手資料，根據她的說法：「當你在法國生產成衣時，意味著從義大利進口高品質的布料，同時也必須支付員工一筆可觀的薪資，而待遇不錯的意思是：衣服訂價的毛利率其實並不如想像中的高。」

雖然波道夫古德曼的精緻手工服飾值得高訂價，但是我們卻可以在H&M的貨架上找到更多時髦又平價的衣服，只是一旦走大眾路線的美國時尚設計師在H&M推出比較薄、單調、素色系的棉製衫也要價九百九十四美元，顯然就太貴了。桑麗卡那件要價九百九十四美元的衣服無疑是小批量生產的結果（波道夫古德曼的採購方式是每種標準尺碼的衣服只進一件），而且所用的棉料應該也比平價服飾更細緻，更不用提知名設計師與工作團隊應該獲得的待遇。

不幸的是，我還是在桑麗卡的產品上看到「中國製」的標籤。這個陰魂不散的標籤在昂貴的服飾界越來越常見，雖然原產地並不一定影響商品品質，但是卻一定會大幅改變生產成本。一件要價九百九十四美元的衣服，內含好幾碼的針織布跟中國的勞動成本（到目前為止時薪仍維持一美元左右），怎麼看就是跟這個標價格格不入。這個標價背後的故事顯然並不尋常，已經不再是單純製作一件衣服所需要考慮的成本。

在六〇、七〇年代擔任紐約流行設計學院（FIT）院長的萊利（Robert Riley），在法國被納粹佔領的四〇年代從羅德泰勒（Lord & Taylor）開始職業生涯，當時歐洲時尚界的發展因為戰亂陷入一片死寂，這家店遂採用麥卡戴爾（Claire McCardell）等設計師的運動服與美國風服飾填補的空缺。萊利要卸下二十五年教職之際發現有些事情不太對勁，因為設計師名號的重要性高於衣服美觀與否或是工藝水準。萊利在一九八一年接受《紐約時報》專訪時表示：「現在知名的設計師看來都差不多，但為何會這麼出名？是因為做出一件意義非凡的衣服嗎？還是因為公關宣傳做得好？讓我們看看伯比布克生產規模較大的產品線。儘管這家公司不會給你設計師的創意，但你會發現他們的衣服品質不輸一件要價上千美元的舞會禮服。從我的角度來看，我認為我們已經進入一個品質與創意不敵大企業金錢遊戲的荒謬世界。」以往高價位與高品質之間的關連性比較強，現在掛上設計師的名號卻不保證高品質，《消費者報告》（*Consumer Reports*）雜誌早在一九九四年就發現一件有時尚設計師掛名、在巴尼斯百貨（Barneys）銷售的人造絲絨毛線衣，其品質和在凱瑪百貨買到的水準不相上下。

幾個月後，我又回到波道夫古德曼這個奢華之地，高檔服裝依舊聞不出殺價競爭的氣息。在設計師標籤認證與誇張的平價品之外，我們能找到品質又好又耐看的衣服嗎？當然有。我有一位好朋友花五百五十美元買一件海爾姆特朗（Helmut Lang）絲質內襯的羊毛西裝外套，比我所有的衣服品質都好太多了，朋友的那件外套不但穿起來舒服而且很耐看。

我請蕾莉（Joan Reilly）擔任服飾品質鑑定指導老師，她之前在波道夫古德曼工作過，可以教我如何用觸覺感受精緻布料的質地，如何從縫線看出車工的水準，還請專櫃人員解說開士米羊毛不同等級的差異。我們看上一件手工縫製、標價四千四百美元、魯奇設計師的長禮服，蕾莉教我：「關鍵在於各種製作細節和布料的成份。」我們走到新加坡籍設計師鄞昌濤（Andrew Gn）的專櫃，我伸手摸了長褲讚嘆道：「哇！料子真不錯。」對於我能夠在這麼短時間學會鑑別，蕾莉覺得很不可思議，她回了我一句：「妳已經出師了。」其實道理與那件五百五十美元的西裝外套是一樣的，差異就是這麼清楚明顯，我不覺得自己配得上那樣的稱讚。

接著我們走到另一個專櫃，這次銷售員還沒等我們開口就走到貨架取下一件亮橘色、用繡花突顯頸線的棉襯衫。她以長島口音說：「花七百美元買一件奇怪的短袍？這可不是明智之舉。」這位銷售員告訴我，她的客戶不會考慮服裝品質，而是設計師是誰。蕾莉同意這種說法。譬如客人還沒有弄清楚自己穿的是周仰傑（Jimmy Choo）哪款高跟鞋，就急著問她要穿什麼才能搭配那雙鞋子。蕾莉回憶：「甚至描述鞋子的外觀都沒有，這要我怎樣幫她挑適合的服裝呢？」

我們再談那件九百九十四美元的衣服。朴鐘桓認為，有些華麗服飾的設計師會用奢華的元素製作衣服，也有一些設計師用超高的毛利率訂價，藉此讓客人以為這樣的產品才有派頭，他說：「高價向市場傳遞的訊息是：只有少數的一群人才買得起。」這種行銷手法的問題在於，這幾年所謂「少數的一群人」越來越少，《慾望城市》或是庫桑斯這種消費水準超出自己能力負擔的例子，說到底，並不是典型高檔服飾所設定的消費對象。根據《時代》雜誌報導，現在不論是第一線奢侈品的消費主力，或是服飾市場的最大買家都是富豪階級。

美國貧富差距在二十世紀初逐漸拉近，到了五〇年代不但所得分佈相當均衡，大多數人也都有朝社會上層移動的能力，不過最近幾十年，貧富兩個階級又各自朝各自的角落移動，更難堪的是，美國居然成為已開發國家中唯一所得成長失衡的國家。現在美國前百分之一最富有的家庭擁有全美四分之一的財富，這是自一九二九年以來未曾達到的比率。現在我們已經把這個逐漸擴大的差距穿在身上了。

當「好衣服」的主力消費者口袋很深的時候，會有什麼結果？那就是「好衣服」相對其他人而言，變得更貴了。這道理就像是有錢人搬進某個社區，使該地租金跟著水漲船高。一件好的牛仔褲，根據《女裝日報》的說法，要是零售業者與設計師發現，有人願意以一百、二百美元買高級棉質褲子，其他高檔成衣製造商就會知道自己也有漲價空間，他們知道更高一點的價格還是有消費者願意買單，所以設計師推出的洋裝、上衣等各種商品無一不漲。

或許有人會想，反正H&M、Forever 21，或是標靶這些店家的服飾也越來越精緻，所以消費者基於比價心理就會要求高檔服飾的價格要下降，可是平價時尚似乎對高階市場的消費者造成反方向的效果。《女裝日報》指出，平價時尚的價格不但沒有拉低名牌設計師的標價，反而成為調漲的原因，因為消費者必須前往高檔服飾店才能替自己增添行頭，高檔服飾店是把平價時尚視為自己的另一種競爭優勢。

經濟學上有韋伯倫財貨（Veblen goods）原理：當商品價格越高，我們渴望擁有的程度也越高，希望藉此向他人炫耀自己的財富與地位。服裝對於這種炫耀效果特別敏感，因為服裝可以直接展現個人特質與自我意識，被視為自我形象的延伸，也是我們最容易被看見的身外之物。朴鐘桓說：「時尚就某種程度而言是獨一無二的商品，因為這是我們向外界展現自我的方式，也是為什麼我們這麼在意衣著的原因，也是為什麼有些人願意花那麼多錢購買服飾的原因。」沒有其他商品像服飾一樣，是為了無止境地追求好看，為了表現自己與他人不同而訂價這麼高。

第一次碰到庫桑斯的時候，我被她的消費方式深深吸引，她非常精挑細選，很少一時衝動而下手。她對時尚商品的熱愛讓我覺得很有啟發性，她說：「我不會因此以為自己的生活方式就跟有錢人一樣。我是中產階級，只是會把時尚商品當成藝術品欣賞，這樣的生活方式才會吸引我投入。」最初我以為購買名牌設計師的產品是對抗平價時尚的解藥，因而找上庫桑斯，不過殘酷的現實讓我了解自己根本買不起奢侈品。

有一天下午我到芬迪旗艦店逛逛，由戴著無線電對講機的保全領著我進入店內，走上樓踏進鋪著地毯、一片死寂、空無一人的營業大廳，牆上稀疏掛著幾件服飾作為妝點，寬敞的長沙發跟茶几佔據大部份空間，讓我感覺自己好像無意間闖入某個大人物的更衣間。接著有位年輕業務員像幽靈一樣冒出來，看起來好像是因為我，或是因為任何人會在這裡出現而被嚇一跳。他輕聲細語說了一句：「我很喜歡妳的帽子。」當天我戴著一頂在標靶買的針織毛帽，上面有兩團可笑的毛線球，價格十二美元。我很欣賞對方的接待方式，可是我真的不應該出現在那個地方，那邊沒有一件商品是我買得起的，一雙女用皮革手套就要價七百美元。

庫桑斯熱愛名牌設計師的習慣最終還是讓她付出代價，迫使她必須用一整年的薪水去清償卡債。她只有在我們初次見面時含糊提過自己的卡債問題，兩年後她調整自己的生活方式，才向我坦承追求奢侈品讓她陷入嚴重的債務問題。為了避免在二十五歲就宣告破產，庫桑斯在債務協商機制滿一年後，很真誠地用另一種心境告訴我：「我徹頭徹尾改變了生活型態，現在我名下沒有任何可支配所得、很少外出，更不會去旅行。我已經不再購買名牌商品，一個月的娛樂開銷大概五十美元。」她不再看《花邊教主》，尤其是家裡有線電視頻道被迫停掉之後，庫桑斯囁嚅地說：「反正這種類型的節目也已經有點過時了。」

這段期間最讓庫桑斯適應不了的是，要把之前買的名牌設計師服飾拍賣還債，從此之後她只穿GAP之類的連鎖服飾店的基本款。這位追求名牌的行家現在無論去哪都只穿在凱瑪買的大衣，一雙從折扣連鎖鞋店DSW買來的史蒂夫麥登（Steve Madden）鞋。她說，快捷的衣服相對於售價而言算是相當體面了，可惜缺乏時尚感。回到正常生活之前，接受現在的生活方式也沒什麼好發窘的。

我問庫桑斯，現在對名牌設計師的商品有什麼看法，她說還是深信其中有很多商品都具有投資潛力：「我先前買的每一件名牌精品都還有拍賣行情，過去花那些錢換來的品質從未讓我失望，而且我也享有一段時間。」如果一切可以重來，她說會試著量入為出，會購買不會那麼快退流行的經典款。庫桑斯現在只保留一件名牌精品，那是一只七百美元的LV包，她說：「這是我買過最值錢的包包，四年來我幾乎每天都帶著出門，到現在還是引人注目。」

華而不實

以時尚產業作為貧富差距的界線已經不是新聞了。二十世紀初，社會上大多數人不是非常富有就是非常貧困，美國時尚產業幾乎都是由巴黎仕女套裝引領風騷。懷特克在《服務與品味》書中指出，早期美國百貨公司為了兼顧高檔貨跟次級品兩個市場，一方面推出仿巴黎設計的便宜商品給低所得的消費者，另一方面推出昂貴限量版的仿製品給富豪階級。一九〇二年女用內衣逐漸成為主流商品時，要花二十五到七十五美元，相當於現在的六百二十一到一千八百六十四美元，才能在馬歇爾菲爾德買到仿製品，這個價格已經超出大多數消費者能負擔的範圍。除了非常有錢的人之外，沒有人買得起真正的高級禮服，因此也成為早年大量生產女裝的靈感來源。不過，即使現在一件高級禮服開價也從二萬五千美元起跳。

以一九〇二年的高檔與次級服飾和和今日做比較意義不大，因為當年大多數女性都會自己做衣服，例如香奈兒（Gabrielle Chanel）、浪凡（Jeanne Lanvin）兩位女士，原本不是名牌集團旗下四處拓展香水或太陽眼鏡業務的執行長，而是專業的家庭式女裁縫，之後才被時裝店請去開發精緻、客製化手工禮服。紐約流行設計學院博物館館長史提爾（Valerie Steele）本身也是知名的時尚史學家，她認為早期時尚產業跟今日最大的差異在於一般人在家裡縫製衣服的能力，她說：「早年的女性懂得如何做衣服。有些家庭式裁縫甚至有能力針對客戶需求特別訂做禮服，再不然也可以自己動手做一件。」

由於手工靈巧的女性為數眾多，因此昂貴的禮服價格並不足以將她們擋在時尚領域之外。懷特克說，美國的百貨公司在一九〇二年的聖誕假期賣出大量的針線與繡花布，意味當時的女性有能力做出一件具有自我風格的女用內衣。當時百貨公司布料賣得比現成的衣服還多，平價版的服飾在仕女套裝影響下不斷激發創意，在《時尚樣書》（*Vogue Pattern Book*）之類的出版品中可以找到各種參考範本，因此當時的女性可以從報章雜誌上剪下自己心儀的衣服款式，帶著布料去找家庭裁縫訂做。

美國經濟大蕭條之後，家庭所得分佈變得比較平均，晉身社會上流階級的家庭開始展現購買力，到店裡購買成衣的現象也越來越普遍，早期尺寸不合身或是品質不穩定的問題很快就獲得改進，但是這個階段並沒有購買平價衣服的趨勢。懷特克在她的書裡指出，當時中產階級認為百貨公司是購買品質較佳商品的地方，這樣才能展現身為新經濟階級的地位，而百貨公司也樂意迎合消費者的新品味，她說：「百貨公司各部門都把自己視為設定品質標準的堡壘。」

即使強調價格便宜的連鎖型錄百貨公司席爾斯也相當在意品質標準，席爾斯在一九五五年發行的產品型錄有一張服飾試穿照片，還有聰明採購指南，告訴消費者純天然與加工羊毛的差別，區分曝曬後不褪色或本身就耐曬的布料等等，還把人造纖維的所有術語彙編成小冊子。一般的百貨公司會提供消費者各種樣式的服飾，不論是保守風、重視品質，或是時尚前衛的風格都有，而且每一件都是精心製作，就算是折扣商店也會為了迎合中產階級的需求而提供高品質商品。

當年的服飾是由小規模的獨立成衣廠製作，成衣產業競爭非常激烈，不過相較於今日的百家爭鳴，當年成衣產業比較會以設計感、製作細節，與布料成份一較高下。標準普爾在一九五五年產業調查報告指出：「為了與數不清的小廠競爭，大型成衣廠會專注在生產品質、商標認證的產品，透過獨立的零售據點在全國各地銷售自家產品。」

六十七歲的懷特克記得，當時多數服飾店的衣服沒有一貫標準作業的品質管理，車縫線末端處理不夠細緻，看不出勞力密集與細心製作的成效，因此女性買回家後會重新縫過，讓衣服看起來高貴一點。她回憶：「你不會在衣服上縫出一條直線，那會把衣服搞得跟垃圾沒啥兩樣，就連窮人也不會穿縫線外露的衣服。不過，這種工法現在卻成為常態。」和以前不一樣的是，現在大眾化市場導向的成衣會用縫紉機迅速、簡單地縫出一條直線，把布料交錯縫好後再把多餘的部份剪掉。車縫邊不再按照過去標準多留一點布料加以掩蓋，現在是大剌剌地出現在衣服上，而且也沒有人想改回過去的習慣，懷特克表示：「小時候我的洋娃娃穿的衣服都比現在做得還要細緻。」她的說法不誇張，她的洋娃娃衣服的車縫線，真的沒有露在外面。

第一次世界大戰後，一件衣服的平均價格降到十六・九五美元，相當於今日約一百八十二美元，也越來越多婦女會去買品質較差的平價服飾。為了趕流行，這些衣服恐怕穿過一季就會淪為過季商品。為了趕流行而去買品質較差的衣服？現在的平價服飾現象有沒有可能只是歷史重演？懷特克很快糾正我的想法：「平均而言，現在的平價服飾的手工品質是前所未見的糟。」她說，二〇年代歐洲正經歷第一次世界大戰之後的復甦期，當時美國的平價服飾是從巴黎大量進口，有墜珠裝飾的禮服，現在回頭去看那時候的衣服，會對它們的品質讚嘆不已。以前的消費者是在能力允許下才買最好的衣服，而且對纖維材質都有一定的認識前提下才會購買。如果衣服價格比較貴，又可以穿好幾年，我們就會想了解衣服的材質是什麼，所以後來的衣服都有標示哪種纖維以及洗滌方式。

到了二十世紀中葉，醋酸纖維或人造絲之類新奇產物成為美國成衣界，與化工產業強力主打的商品，強調這些都是使用方便的人造纖維。這對美國人的生活造成改變，變得更強調休間，更喜歡耐用且無須費心照料的衣服。儘管紡織技術有長足的進展，但是人造纖維的觸感卻始終比不上棉、羊毛以及絲織品，纖維素布料，例如人造絲，只能在規模有限的利基市場才會獲得青睞。隨著棉織產業大幅改良品質，而且合成纖維的生產基地在幾十年前移往亞洲之後，人造纖維的發展轉趨低調。不過這些產品並未消失，最近幾年，人造纖維重新在成衣產業供應鏈中扮演舉足輕重的角色，特別是聚酯纖維。

我在衣櫥裡找到人造絲、莫代爾和天絲做成的無袖上衣，這些人造纖維屬於纖維素布料（人造纖維可以區分成兩大類：塑化製品或是纖維素布料），也就是用化學製程從紙漿或其他天然物質的副產品，譬如從棉花屑、木屑提煉製成。莫代爾和天絲是澳洲蘭精公司（Lenzing）生產並取得環境友善認證的人造絲，不會比棉花便宜。儘管纖維素布料在二十世紀中葉相當受歡迎，不過現在市面上使用量卻相當稀少，大概只佔全球纖維市場的百分之五。

聚酯纖維及其在塑化工業中的相關產品，才是我衣櫥裡無所不在的材質。我的運動衫就摻雜很高比率的塑化纖維丙烯酸，模擬一般羊毛或是開士米羊毛的觸感。上衣與套裝幾乎百分之百都是聚酯纖維的產品，我曾以為一件超級便宜的冬令夾克是羊毛製品，結果當然不是。在H&M買的灰色套頭運動衫混了百分之六十五的羊毛、百分之二十的聚酯纖維和百分之十五的尼龍。另一件在ZARA買的黑色燈籠褲，採用百分之七十聚酯纖維、百分之二十四羊毛和百分之六人造絲，在不耐看的燈籠造型上鋪著一層稱為毛玉（pills）的纖維材質。其他狀似浴袍的大衣，是百分之七十羊毛混了百分之三十尼龍。尼龍同樣也是塑化製品，是一種韌性強的纖維，以往是製作地毯的材質，很少像現在這樣大量出現在日常生活所穿著的衣服上。我個人會刻意避免購買瓶裝水之類的塑化製品，因為這些產品是石油提煉而成，無法進行生物分解，卻想不到在我衣櫥裡面竟然還是充斥著這一類原料做成的產品。

過去十五年，人造纖維的產量幾乎成長一倍，成長速度最快的當然就是聚酯纖維，佔全球纖維總產量的比率已經超過百分之四十。有很多人穿聚酯纖維製成的衣服代表什麼意義？聚酯纖維經常會跟羊毛、絲，或是棉花等天然纖維混在一起，一方面可以強化纖維韌性、避免縐摺，讓我們不用費心整理衣服，另一方面可以大幅降低使用天然纖維的成本。

我們會穿上聚酯纖維的主要原因，或許是亞洲國家造成的。亞洲現在是美國最主要的紡織品生產中心，這些亞洲國家在近幾年投注在聚酯纖維的投資數量難以估算。二〇〇四年《紡織世界》（*Textile World*）雜誌的封面標題是亞洲人造纖維產量的爆炸性成長，該報導指出，聚酯纖維儘管經常摻雜在棉製品內，但卻成為製作成衣的首選材質。該篇文章表示，當時聚酯纖維的年產量已經超過五百億磅，中國的佔比就超過一半。

紐約流行設計學院助理教授吉雅迪納（Sal Giardina）認為，聚酯纖維之類的人造纖維會這麼普及的原因絕對是因為零售服飾業者為了削減成本。他笑呵呵地告訴我：「這當然不是因為我們有一天起床後告訴自己：我想要穿上聚酯纖維。」由於消費者對於衣服材質越來越不感興趣，也越來越不了解人造纖維專業的化工知識，時尚設計師在挑選布料時就只需要挑出便宜、符合消費者預期的價格就行了，不用特別提醒消費者便宜的材質並不是好料子。吉雅迪納以大眾化的男裝市場為例，聚酯纖維與人造絲是這個產業真正追求的便宜材質。纖維素布料之一的人造絲具有羊毛的觸感，加上聚酯纖維可以讓衣服好整理又便宜。它們也的確具有很多優勢，不但看起來像是羊毛，一碼要價三美元是要價十美元的天然羊毛比不上的。天氣熱的時候，穿起來的感覺也和純羊毛不相同。

雖然從二十世紀開始就已經不再用最好的質料製作衣服，不過那時還相當講究服裝的剪裁，會下功夫進行細部處理，布料的厚實感也非今日薄如紙張的衣服可以與它相提並論。要做出當時精緻的服飾可不便宜，但訂價還不算離譜。一九五五年一月號的青少年雜誌《十七歲》有眾多成衣廠提供、多到讓人眼花撩亂的服飾廣告，標價多半介於八到十一美元，約今日的六十五到九十五美元，是非常符合中價位的市場價格。

就連高價位服飾的訂價也比今日更加平易近人。一九六一年，亞伯史瑞德服飾一件精緻的灰色呢絨套裝要價五十五美元，約現在的三百九十六美元。這對中產階級而言是一筆不輕的負擔，但是相對於今日所謂高級棉製衫訂價高達九百九十四美元來說，絕對稱得上是物超所值。要是真的買不起這件灰色呢絨套裝，女性消費者大可回家用縫紉機做出另一件。上述《十七歲》雜誌的當月封面故事是「變魔術般的自己動手做」，八頁的報導告訴讀者許多家庭縫紉的技巧，讓他們可以做出當季最流行的連身長裙禮服。這則報導的主角是一位手頭不寬裕的少女，最終縫製出一件自己專屬的衣服，配上衣櫥裡的其他配件，讓她成為眾人注目的焦點。

六〇年代電視劇《廣告狂人》裡頭的角色造型是由備受讚譽的設計師布萊安（Janie Bryant）負責。這齣劇展現美國人在過份強調休閒，成為T恤與牛仔褲愛好國度之前的服飾風格，講述廣告業在麥迪遜大道興起的過程。劇中廣告商的一位大客戶就是泳裝公司詹特森（Jantzen），這家業績蒸蒸日上的大型服飾公司非常敢花錢打廣告，事實證明他們也的確成功改變劇中所描述六〇年代重視穿著風格的美國文化。

這齣劇同時記錄許多發生在六〇年代的美國文化變遷。美國社會在六〇年代開始產生激烈變動，孕育出七〇年代的反體制與女權運動，帶動之後年輕人崇尚的街頭文化。史提勒認為那個年代並不時興追求時尚，她說：「受到嬉皮文化與反潮流運動的影響，那時候的美國人不願意再受到外在體制支配，因此會對各種流行時尚趨勢吹毛求疵。」

因為順利掌握由青少年主導的流行趨勢，成衣服裝設計師像是發明迷你裙的瑪莉・官

（Mary Quant）很快地打開知名度。此時洛杉磯的運動衣產業開始蓬勃發展，這種式樣簡單的裝扮也提供消費者有別於前幾十年正式服裝的平價選擇。兩截式的服裝開始打進市場，分別買上衣與褲子也比買一件式的洋裝更便宜。懷特針織廠（Darlene Knitwear）是早期進入兩截式服裝的大型成衣廠，他們在一九六五年十月號的《十七歲》雜誌打廣告：「快樂假期就該穿上讓人眼睛為之一亮的兩截式服裝，而且還很便宜呢！」一件頰紅色羊毛衫加上配件只要十三美元，另一件雙層有內襯的法蘭絨裙也是十三美元，相當於今日約八十八．八七美元。Ship'n Shore是另一家主打更休閒款式的成衣大廠，他們印上花紋的鈕釦襯衫和法蘭絨半開襟的格子亨利衫，通通只要四美元，約今日二十七．三五美元。

因為越來越少人會自己裁縫衣服，自然的對成衣知識就不足了。雖然無法證明直接的關連性，但是我們失去裁縫的能力似乎與我們只穿式樣越來越簡單的衣服脫不了關係：我們現在將T恤這種由兩片針織品湊成的衣服視為是時尚的象徵。里羅爾（Anthony Lilore）是一位三十年經驗的成衣師傅，目前擔任「拯救曼哈頓成衣區」活動的發言人，他認為當不正式的服裝也能成為時尚，消費者在生產者心目中的地位就大不如前了，他說：「早期時尚必須是剪裁合身的衣服，如果不是量身訂做，就是百貨公司才買得到的整體搭配服飾。後來隨便穿上T恤和鬆緊帶長褲都能走上街，這個舉動大大衝擊所謂時尚的概念，導致比爛的結果。」

如果製作一件衣服所需的技術水準越來越低，不光是衣服售價會變得更便宜，我們願意花在買衣服的費用也會跟著縮減；另一方面，當市面上的衣服都是基本款的時候，也不會有人在意它們到底是用什麼材質做出來的。世界各地都有可能生產無袖上衣，但卻不是每個地方都能做出精緻的禮服，除非當地有手藝高超的女裁縫師。這是否代表我們應該反璞歸真，穿回精緻的禮服好增加她們的工作機會？或許這不是好方法，不過我認為這一切的改變都可以歸咎於便宜貨無遠弗屆的影響力。

當時尚變成一種規模龐大又缺乏彈性的產業時，想靠時尚商品獲利要付出的財務風險會變得很高，特別是時尚商品的生產成本居高不下時。賣衣服的大財團為了減少風險，會儘量少碰需要特別剪裁的禮服或大衣，只專注在經得起時間考驗的基本款式，或是生產成本低廉的商品，這就難怪從標靶到安泰勒（Ann Taylor）這種中階市場的連鎖服飾店都大量推出製作簡單的上衣和鬆垮褲，好享有穩當的收益。GAP當然是靠T恤這種簡單到不行款式賺錢的代表，Forever 21提供比較多時髦的產品，選擇也比較多樣化，但是他們的牛仔褲、簡化版的洋裝和輕便休閒服的銷售量也很驚人。無袖上衣可以做成露背、斜肩、長版垂墜、中空、細肩帶、打褶、抓縐，或是印上碎花紋等各種不同的形式。但相較於五〇年代的洋裝或是二十世紀初的女用套裝，無袖上衣終究只是基本款，更無法跟上個世紀要用腰墊、襯布、支架、蓬蓬裙，才能整體搭配的仕女服裝相提並論。

對價格敏感、不願意多花錢的消費者讓服飾界的工藝水準下降，這樣才能讓大眾化的服飾商品一年比一年便宜，畢竟這個產業面臨一個打不開的死結：不論是哪一種商品，消費者去年願意花十美元買的東西，今年只願意花九美元。紐約流行設計學院紡織品發展與行銷教授柯密爾（Sean Cormier）指出，生產次級品的壓力來自兩個不同的方向，其中一端是小氣的消費者，另一端就是想要增加獲利的業者，他說：「正所謂一個銅板拍不響，製造商當然想賺更多錢，但是消費者卻只想等清倉大拍賣的時候才去買。」消費者如果只在特賣會時才買名牌精品，時裝業者顯然會入不敷出，只好年復一年重複生產品質一般的商品了。魚與熊掌難以兼得嘛！

降低成本　犧牲創意

服飾業者總得在降低品質與維持品管之間取得平衡，同時還得兼顧消費者求新求變的喜好才能讓他們掏腰包。不過，在過去幾十年不斷追求平價的巨大壓力下，簡化與低品質的服飾已經不再只是文化變遷的象徵，更不是女權運動的產物，而是設計師必須遵守的行規，因為這樣才能降低生產成本。

有一天我翻閱蘭茲角（Land’s End）前不久推出的商品型錄，其中一則混開士米羊毛外套的廣告讓我眼睛為之一亮：「蘭茲角堅持優良的服裝整體搭配與細部手工，這是其他業者多年來選擇放棄的部份。」蘭茲角算是中階市場二線的郵購業者，該不該相信他們讓我陷入苦思。我一直在想，無止境追求平價的結果，到底有哪些被剔除的東西再也回不來了？想像有一支設計團隊試著為我這類消費者做出夢幻的外套甚至是禮服時，他們必須先問自己：三十美元能讓我們做出什麼樣的禮服？這個問題的答案想必大家都心知肚明。

柯密爾告訴我，大多數他所認識的時尚界人士都會碰到這類的商務會議：「我們盯著過去業績和毛利率的報表，覺得似乎還有再改進的空間，所以就要跟設計團隊溝通一下，看看可以刪減哪些元素降低成本。」時尚設計師與服飾公司的業務員通常會在降低品質、推出造型更簡單的服飾上爭論不休，「我所認識的設計師都想做出最好的商品，」柯密爾說：「可是通常不敵營運部門想要降低成本，擠出利潤的考量。」所以等設計圖真正進入量產時，設計師往往發現自己許多創意想法都被刪除了。

多年來，使用越輕薄的布料也是降低成本的妙方，柯密爾就看過原本重達六盎司的襯衫被改成只剩下五盎司，他說：「這樣一來，新產品符合公司的品質標準嗎？就算是吧，但是就審美的角度來看，這算是一件好襯衫嗎？有時候，這個答案恐怕是否定的。」就連我也都注意到美國人的衣服越來越薄，只要去一趟二手衣回收中心隨手抓一件九〇年代之前的運動衫或是夾克比較一下，你就會發現現在的衣服好像風一吹就會飛走似的。

Bright Young Things設計師史塔巴克跟其他高檔名牌服飾有合作關係，她告訴我，現在的車工可以說已經達到零售業者想要降低成本的最大極限，她說：「現在的縫紉水準已經淪為不要讓衣服解體變成垃圾就行了。」平價服飾必須儘量剋扣勞力密集的細工，包括內襯、支撐墊片、密接縫線，有時候連必須縫合的部份都儘量省略：我有一件從老Old Navy買來的無袖上衣，上頭的兩朵大花竟然是用膠帶貼上去的。在現今社會，商品能夠即時上市變得非常重要，有些成衣廠只好採用間距寬、可以迅速完成但不太牢靠的縫紉方式，才能在短時間內儘量完成最多的商品，史塔巴克分開拇指與食指，笑著說：「若是縫線間距沒有變這麼寬還真是奇蹟。」

她告訴我另一件更讓人驚訝的事：「現在高品質的衣服非常少見，數量非常少，大多數人這輩子恐怕都沒有機會看到。以我的觀點，一般人身上穿的就跟一塊碎拼布沒啥兩樣。」這麼悽慘啊？我心裡嘀咕著，可是我對時裝發展的歷史了解越多，就越相信史塔巴克所言不虛。品質標準一點一滴地被犧牲了，雖然表面上五顏六色看起來熱鬧非凡，做得好像跟衣服一模一樣，但是現在的時裝已經被簡化而且薄到難以置信的程度。不過我也懷疑，那些八〇年代後出生的消費者有多少人會知道，他們已經失去什麼東西？

在勞動與布料成本走揚，而消費者對商品的期望價格卻反向下滑的雙重壓力下，廠商維持營運的策略就只剩下供應次級品，也就不難看出大眾市場服飾品質衰退的警訊。高品質布料與紮實的裁縫，在平價、快速時尚的年代變成越來越玩不起的競爭方式。要花時間才能維持品質，但代價是商品推出的時程慢下來了，而且成本還會增加。發源自洛杉磯的女裝品牌卡倫凱恩（Karen Kane）的負責人表示，他們曾試圖在不降低品質的前提下引進比較便宜的布料，可惜這些努力到頭來還是一場空，他說：「消費者對於價格的預期心理會劇烈下滑，這一點讓我們感到相當棘手，最終或許會有個底線，那就是做出便宜到只能穿一次，之後自動解體的衣服吧。」

另一個導致品質下降的原因是美國境外的成衣廠。國外成衣廠現在成為美國成衣市場的主要供應來源，但是原因恐怕並不如我們想像的單純。很多國外成衣廠具有相當先進的製造能力，但是他們同樣要面對低毛利與交期緊迫的競爭壓力，而且一旦客戶要求提供樣品、進行檢測與修改設計的次數過於頻繁時，成衣廠的日子也不太好過。廠方不希望在量產前花太多時間與買方交涉，除非能夠順利進入量產階段，否則這些成衣廠也賺不了錢。

我曾經接洽中國的成衣廠，他們替知名的青少年品牌A＆F製作成衣，想要打進該品牌的供應鏈必須先通過繁瑣的品保與試樣手續。這家成衣廠的業務助理凱薩林很挫折地告訴我：「買方很會挑瑕疵。」她指的是在達成買方要求下單採購羊毛夾克前那段讓人精疲力盡的洗染過程，「每次只要對方改變主意，工廠就得停工，把生產排程延後一個月，但是下個月的時間早就排給另一個客戶了。」這樣不但導致成衣廠當月的產線會停擺，還要安排下個月兩張大單的問題。

現在大眾市場的服飾商品大都粗製濫造，消費者憑直覺也知道這些衣服不值多少錢。《消費者報告》在一九九七年以Polo衫為主進行跨店、跨品牌比較，結果標靶一件七美元的Polo衫居然在耐穿、材質、外觀等項目上，從雷夫羅倫、湯米席爾菲格、Nautica、GAP等競爭對手中脫穎而出。為什麼要花七十五美元從雷夫羅倫買一件評價不及標靶自有品牌的Polo衫呢？數十年前，中階品牌服飾的品質與折扣店還有很大的差距，但那已經是陳年往事了。品牌業者也不得不降低品質才有機會獲利，畢竟現在靠次級品的衣服賺錢容易多了。折扣店就把這個策略發揮得淋漓盡致，包裝好產品後就能吸引不覺得買平價時尚有什麼不對的消費者。

誰會忘了平價服飾店那些讓人發癢的布料，還有落後幾十年的設計風格？我在八〇、九〇年代初，能在南喬治亞鎮上買到最好的衣服不外乎是沃爾瑪有趣的崔弟鳥（Tweety Bird）系列睡衣，或是其他折扣店的女用上衣。那時候母親會帶我到平價服飾店買衣服，但是我在那裡找不到能和GAP或百貨公司同等級的衣服。這些都是遙遠的記憶了，現在平價服飾的線頭用剪的而不打結，縫線一律是直線，衣服永遠固定在那幾種鮮豔的色彩，更重要的是，平價服飾現在也有幾分時尚感了，現在就算買到超級便宜的衣服也很難說是已經過時，在網站上可以找到我身上穿的豹紋繞頸洋裝，價格二十九．九九美元。也在能在購物中心的專賣店找到便宜又時髦的衣服，而且消費者大都不會失望。

《華爾街日報》早在一九九五年就注意到平價時尚的設計革命，在一篇報導中寫著：「平價服飾長期以來被視為不合身的男性牛仔褲、垮垮褲，或是單一尺碼女用上衣的專屬名詞，不過這些裝扮現在看起來順眼多了。」為什麼？因為成衣廠注意到花俏的鈕釦、布料上的繡花、筆挺的衣領和袖口這些小地方，會讓衣服看起來稍為高貴一點，一位造型設計師告訴該報導的記者：「我的主要任務是多做些可以讓消費者感受到衣服品質不錯的表面功夫。」

現在的平價服飾既吸引人卻又有點華而不實，Old Navy是最早踏入平價服飾領域並改變店面形象的開拓者之一，他們用引人注目的色調與印刷掩飾不夠厚實、次級品布料做成的基本款服裝。《新聞週刊》在一九九九年的一篇文章指出，該連鎖服飾店採取一種新穎的做法，替便宜基本款服飾塗上像是化工綠之類的非主流色系，整體搭配後反而有讓人目不轉睛的效果。

在我的衣櫥就能看見這些用色大膽的收藏品，諸如土赭色、青色到水藍綠搭配一些不常見的圖案，譬如有件衣服上的圖案看起來就像是紅血球。

就如《華爾街日報》的報導，平價時尚必須搭上讓衣服看起來比較高貴的修飾手法，Forever 21的衣服用縐褶拼湊許多金屬圓片、扣眼與飾釘，這些閃亮的配件讓我回想起懷特克《服務與品味》那本書裡面的幾個段落：當歐都蘭（Hortense Odlum）在大蕭條結束後走進紐約市的高檔百貨公司邦維泰勒（Bonwit Teller），她不敢相信自己看見釘子、迴紋針、大頭針、蝴蝶結之類的物品居然會鑲在衣服上面，掩飾這件衣服的劣等布料與笨拙的工藝，結果這些太過喧賓奪主的裝飾配件如今卻成為平價服飾的賣點。我們現在會因為衣服有哪些吸引人的小玩意讓人過目不忘，就決定買下來。

與多年前的平價服飾比較，現在的設計算是比較好了，但是品質比較差。拉格斐與H&M合作發表平價衣飾前接受倫敦《獨立早報》專訪時指出：「現在的平價服飾都是經過精心設計的，所以每個人都可以打扮很時髦。或許平價服飾的原料稱不上頂級，但是平價服飾再也不會給人難登大雅之堂的觀感。」我們現在對於品質的要求和以前大不相同，只要能體面的穿出去就好。

二〇一〇年聖誕節前幾周，我湊巧在BV的展示櫃看上一件洋裝。在奢侈品市場已有四十五年的ＢＶ在二〇〇一年被古馳集團購併，由行事低調的德國時尚設計師邁爾進行改頭換面，自此之後好幾年，知名女星包括金．卡達夏、莎拉．帕克、電影《哈利波特》當家女星艾瑪．華森（Emma Watson）都會穿上ＢＶ低調奢華的長禮服走紅毯，就連我這種最多只花三十美元買衣服的人都會注意ＢＶ的消息。ＢＶ在曼哈頓第五大道有零售點，但之前我從不曾踏進去。

我從貨架上拿下來的那件洋裝是茄紫色、打褶裙配上美式足球般的高墊肩，售價七千美元。我愛不釋手，當一位姿態優雅的女服務員鼓勵我試穿時，我笑了笑，頗有自知之明地說：「我可不想把自己弄得進退兩難。」我心裡的警報器滑稽地嗡嗡作響，我的信用額度甚至都還不夠把這件洋裝買下來，不過對方還是很堅持：「這可是萬中選一的洋裝喔！不是大量生產的那種衣服，我想妳很清楚，那種量產的衣服根本讓人提不起勁。」她說的一點也沒錯，所以我只剩下兩個選擇，要嘛趕快逃到一街之隔的Ｈ＆Ｍ買一件作工粗糙的仿製品，要嘛動手再辦二胎房貸把這件真材實料的洋裝買回家。當下我意識到已經沒有第三條路了，不是陷入名牌設計師用聲望和誘人打造的漩渦，就是投入平價服飾便宜到離譜的懷抱。

Chapter 04

快速時尚的葫蘆裡賣什麼藥？

潘尼（James C. Penney）在一九一三年以雜貨店型態開設第一家傑西潘尼，除了日常用品還販售牛仔褲、布料與針線。傑西潘尼不同於一般的百貨公司，而是朝向連鎖店形式發展，在郊區或小城鎮拓展據點，曾經在全美設立超過兩萬家分店，連全球最大、打價格戰的沃爾瑪創辦人華頓（Sam Walton）在四〇年代曾經是傑西潘尼在愛荷華州首府狄蒙分店的員工。

傑西潘尼挺過數十年來的購併風潮及激烈的價格戰，卻在二十一世紀初陷入嚴重衰退，財經記者哈爾（Bill Hare）為了記錄這段過程還出了一本書《愚人慶典》（*Celebration of Fools*）。曾經擔任傑西潘尼執行長的烏爾曼（Myron Ullman）認為，公司營運狀況不佳的原因在於消費者買太少了。百貨公司的消費者保有老派、季節性購物的習慣，烏爾曼接受《華爾街日報》專訪時剖析：「如果一年換季四次，則唯一能夠讓他們來到店消費的理由也是一年四次。」以往美國服飾界習以為常的消費步調卻成為零售業者自戕的手段，要挽救傑西潘尼的唯一辦法就是快速時尚：「提供年輕人、摩登女性快速時尚的商品，是傑西潘尼能獲得利潤的潛在商機。」

傑西潘尼在二〇一〇年宣佈和西班牙快速時尚業者MANGO合作，當時該公司在美國雖然只有十四個零售點，但卻是歐洲規模最大、最受歡迎的零售業者之一，在一百零三個國家設立兩千家分店，設在傑西潘尼的專櫃每兩星期就會有新貨上架，烏爾曼再也不用擔心消費者買太少而失眠，現在一年有二十六個理由讓消費者走進傑西潘尼購物了。

快速時尚是零售業者開創性的做法，顛覆以往以季為單位的銷售手法，改成一整年不間斷地推出新產品。典型快速時尚業者的訂價會比競爭對手便宜，來自西班牙的ZARA首創快速時尚的概念，能夠一星期兩次新貨上架，H&M與Forever 21則是每天都有新商品問世，來自倫敦、在曼哈頓設有據點的Topshop更在網站上每星期推出四百種新商品，夏洛特露絲和BeBe這兩家美國快速時尚業者也會經常性地更新架上商品。表面上看起來，把那麼多深受大眾喜愛的時尚商品用那麼低的價格銷售出去，似乎不是生財有道的好方法，然而事實擺在眼前，這個策略似乎成為當今零售業者穩賺不賠的妙招：投入快速時尚業者的平均獲利率，比傳統經營模式的競爭對手多出一倍。

到目前為止，上述快速時尚業者還沒能在美國所有城市設立分店，不過這樣的經營理念已經或多或少被各種不同型態的零售業者加以採用。《新聞週刊》在二〇〇六年一篇有關美國業者面臨快速時尚競爭壓力的報導指出，包括沃爾瑪在內的業者都在想方設法贏回消費者，把時尚商品上架時間縮短在幾星期之內，即使以四十歲以上消費者為主的席古（Chico）也開始嘗試每天供應新商品。與過去的經驗相比，現在的服飾店都會用盡辦法讓新衣服儘快上架，然後以更便宜的價格賣出去。

時尚產業是充滿風險的事業，業者沒辦法準確預測哪種時尚風格會暢銷或滯銷，最後眼睜睜看著折扣促銷或清倉拍賣侵蝕利潤，譬如時尚業者曾在一九八七年預期迷你裙將隨復古風潮再次熱銷，不料卻事與願違，成堆賣不掉的迷你裙最後成為業者的燙手山芋。隨著時尚產業整併，不只是訂單規模再次放大，股東也會要求業績逐月成長，時尚界的財務風險成為執行長難以承擔之重。

另一方面，將生產線外包後，從買布料、染色、裝飾到裁縫的生產流程有可能分散在不同國家，導致供應端變得既耗時又難以管理。一旦要花半年時間才能把商品導入市場，時尚業者就必須在前一年規劃要推出哪些商品，因此必須投入大筆資金研究趨勢、做出預測，但因為是預測，所以時尚業者常會誤判。過長的導入期再加上大量下單的結果使得服飾業者囤積太多存貨，也讓消費者有等待下一次拍賣的習慣。妮可米勒（Nicole Miller）服飾的總裁在一九九一年向《紐約時報》記者透露：「這類效率不彰的預測工作是導致時裝售價偏高的原因，因為生產者必須預先保留日後降價求售的折扣空間。」

歐特嘉（Amancio Ortega）是全球第一家快速時尚ＺＡＲＡ的創辦人，起初他以經營成衣廠為業，後來因為某個客戶取消一筆大訂單後差點宣告破產。歐特嘉當然不想重蹈覆轍，當ＺＡＲＡ以那張被取消訂單的服飾開始第一家店時，他也著手排除銷售的風險。

無論是哪一家分店，ZARA都可以在兩星期內完成設計、生產到鋪貨上架。每款設計都採小量生產，讓每家分店都有新鮮貨可以賣。由於ZARA的消費者會經常回店看看有什麼新品上架，因此ZARA會以原價出售成衣。二〇〇四年《哈佛商業評論》一篇報導分析ZARA的經營管理：他們用電腦與電話串連各零售點、成衣廠，以及位於西班牙拉科魯尼亞的營運總部，採不斷更新資訊的方式管控供應體系。而門市人員則透過特殊設計的手持裝置，可以很快把賣了哪種款式、消費者反應的問題，或是讓消費者感興趣的新設計傳回總部。此外，ZARA的成衣廠會保留五成以上尚未染色的布料，可以在確認受市場歡迎的款式後於一分鐘前再行生產，必要時甚至會在當季變更主打商品的色系。ZARA這麼倚賴即時資訊的目的是：不管是調整款式、色系，或是把排扣改成拉鍊，就是為了避免做出市場反應不好的服飾。

若不是現在的科技可以讓廠商掌握全球時尚產業鏈，就不會誕生快速時尚，但這不是時尚界第一次發展迅速、彈性化的生產流程，早在紡織業還留在美國境內時，品牌業者強納森羅根的上架速度就非常快，曾經在南卡羅來納州的斯帕坦堡成衣廠內設立在同一層樓內完成抽羊毛、製布料到剪裁成衣等高度整合的一貫作業生產線，其總裁史瓦茲（David Schwartz）在一九六三年告訴《時代》雜誌：「從左邊送進羊毛，到了右邊就變成成衣了。」該公司甚至擁有發貨機隊，可以用空運方式迅速把成品送達各門市。

ＺＡＲＡ記取成衣廠在半世紀前得到的教訓：面對愛挑剔的顧客，做好供應鏈管理的重要性無可替代。因此像Ｈ＆Ｍ即使擁有工廠、主力放在歐洲市場，同樣依賴設在土耳其與東歐的成衣廠能快速回應市場需求；Forever 21也把最需要時尚敏銳度的產品保留在洛杉磯生產，相較於ＺＡＲＡ雖然略遜一籌，不過還是可以在六星期內完成設計圖到成衣上架的工作，Ｈ＆Ｍ則需時近八個星期。

然而快速時尚真正成功的秘訣並不在於先進的科技或是靠近市場的成衣廠，而是賣出史無前例數量的衣服。在《哈佛商業評論》同一篇文章中提出警訊，認為ＺＡＲＡ成功的經營模式只適用在產品生命周期非常短的產業，而且就算消費者願意秒殺剛上架的新衣服，快速時尚業者還是只能用極低的價格銷售產品。為了加快商品流通的速度，快速時尚業者必須用最有競爭力的價格吸引消費者。在ＺＡＲＡ，賣不掉的商品大約佔總進貨量的百分之十，其他同業則多半是百分之十七到二十。

毫無意外，追求快速時尚的消費者買衣服比一般消費者多，而且是多很多。譬如我無止境地前往Ｈ＆Ｍ買衣服，利用午休空檔、去搭地鐵的途中、到外地出差時，而且每一次都會花錢花得毫無自覺。根據統計，ＺＡＲＡ的消費者像是乳牛低頭吃草一樣，平均一年會前往購物十七次。既然成衣界的生產周期不再依照季節變化，季節性的消費模式當然也會調整成從不間斷的購買模式，改變的原動力就來自快速時尚。

我們去折扣量販店好市多（Costco）購物時總是不理性地買太多東西，譬如一口氣買下半年份的早餐麥片，這種現象稱做好市多效應，快速時尚業者的策略則是讓我們買更多衣服，讓我們即使已有一整櫃衣服或是有類似款式的衣服也無法罷手。快速時尚業者很少把最受歡迎的服飾重複上架，如此才能觸動消費者到店內瞧瞧新鮮貨的渴望。前不久我才說服自己，要買一件Forever 21的黑色仿羊毛有內襯的套頭衫，理由是它看起來像是限量發行的，因為我找不到另一件相同的。事實上，黑色羊毛衣並不是什麼新穎的產品，我就擁有四件。

我不知道為什麼平價與遍尋不著另一件這兩個理由，會讓我覺得那件套頭衫非買不可。消費心理學專家朴鐘桓說，若是每天三餐都吃相同的麥片一定會反胃，以後就不會買太多麥片回家，但到底該買多少衣服卻缺乏生理學或心理學的限制機制。好市多效應並不存在於時尚領域，尤其是在衣服特別便宜的時候，朴鐘桓解釋：「衣服會讓人找到穿著或是搭配的時機。」即使不是每件衣服都有機會穿，但卻認為總有一天能派上用場，以此讓自己合理化採購行為。

《時尚行銷與管理》（*Journal of Fashion Marketing and Management*）期刊指出，快速時尚業者有時候會提出只有五百件的小訂單。ZARA會首推數量有限的款式，之後再依照受歡迎程度加碼或減量生產。Forever 21一直維持較小規模的訂單，他們的一位設計師亞曼達告訴我，五萬件是最大的訂量。但並不表示單批限量是經過深思熟慮。根據亞曼達的說法，會針對同一流行趨勢提出五百種的小改款，譬如不同款式的手提包，然後針對每一種款式下訂單幾千個，也就是把眾多外觀相似的商品大量推到市場。

H&M、MANGO與其他時尚連鎖店的經營模式和Forever 21略有不同，他們的訂單量比較接近GAP、耐吉、沃爾瑪，但是會平均分散到世界各地的零售點，每個門市都是限量供應。H&M的公關人員不便向我透露每種款式的生產量，不過一位曾經在該公司的成衣廠服務過、現任GAP的設計師透露，單一款式的訂單數量會從五萬到二十萬不等，雖然不及GAP牛仔褲的訂單，不過這個數量仍舊相當可觀，這位設計師說：「快速時尚業者絕對是以量取勝。」意思是，快速時尚業者年產量超出所有的競爭對手。

根據《獨立早報》報導，H&M在二〇〇四年總共生產五億件服飾、十年後增加百家分店，依此推論年產量超過五億件是合理的。《泰晤士報》指出，ZARA西班牙總部一天要處理的成衣數量超過一百萬件，Forever 21在二〇〇九年總共採購超過一億件服裝，單單在東京的發貨倉庫就長年保持五至六萬件，這些數據都顯示快速時尚業者如何在已經過度發展的成衣製造體系中推波助瀾。

快速時尚除了推出最時髦的服裝，還用非常便宜的價格出售商品。造型可愛的厚底高跟鞋在Forever 21一雙訂價十五美元、針織迷你裙在H&M標價五美元，即使平價但他們都能以此獲取高營業額。一部份原因在於消費者常去店裡以原價消費，但主要原因在於巨大的交易量。快速時尚業者獲利的原理，就跟一般大規模的折扣連鎖店一樣：在鉅額的交易商品中賺取蠅頭小利，譬如H&M可以用平價供貨的原因就是兩千家分店所累積出的巨大供應量。Forever 21的亞曼達說，公司的訂價策略與零售業相同，都是生產成本的兩倍再多一點，但是一億多件的銷量就能累積讓人難以置信的業績。快速時尚獲利秘訣與他們給社會大眾的印象一樣：用長江後浪推前浪的精神，周周推出新服裝，亞曼達說得好：「他們的成功策略就是維持龐大的交易量，他們總是能賣出那麼多讓人成癮的產品。」

根本沒有變化

以前買衣服是一件非常輕鬆寫意的活動，如果我在服飾店看上一件羊毛內襯的運動衫，我可以從容地回家考慮再三，等幾星期後回到同一家店，通常都還能看見同一件運動衫掛在那裡，這幾星期的空檔往往會讓我發現，其實自己並不是那麼需要或渴望這件衣服。以前大多數時尚品牌只推出春夏與秋冬時裝兩條主打線，百貨公司一年只會按季舉辦四次特賣會，走大眾化市場的業者雖然一年到頭都會推陳出新，但一樣注重每一季的銷售狀況。之後，服飾店陳列的外觀開始變得越來越快，這星期的擺設會跟下星期不一樣，今年與明年流行的基調更是八竿子打不著，這都是快速時尚不斷推出產品創造獲利所造成的結果。

二〇一〇年初，我跟一群朋友在靠近曼哈頓聯合廣場的小酒吧爭論過去三十年的流行趨勢是什麼。要取得八〇年代流行趨勢的共識很簡單：鬆垮的飛鼠褲、霓虹燈服飾、寬墊肩、燭光派對的禮服等等，九〇年代則是頹廢裝、碎花紋、軍用靴與中空裝，本世紀前十年的流行趨勢是什麼？超薄牛仔褲、及膝長靴、大到誇張的太陽眼鏡，這些都是共同的看法，但最後大家都同意本世紀初最大的流行趨勢就是趨勢本身，因為有太多流行趨勢用前所未見的速度更替，因此所謂趕得上流行，就是讓自己趕上趨勢。

時尚產業的根本在於變化，這個產業也從來不缺變化，但是變化快速到像現在這樣讓人目不暇給、從季節性周期變成精神錯亂般無時不變的情況，倒是不多見。紐約流行設計學院博物館館長史提勒認為，流行時尚變化的腳步加快了，她說：「現在的流行趨勢有相當戲劇化的改變，過去比較著重袖子褲管與外在裝飾這些細節的改變，但現在的流行趨勢其實沒有根本性的變化。」

史提勒的話乍聽之下有點矛盾，後來我以自己的方式理解這句話的意涵：我們現在只要在幾季的時間內就會走完一整輪不同的時尚樣版，像是波西米亞風、中性裝扮、奢華嬉皮還是水手服，也會看到流行趨勢在同一季中說變就變。我在第一章提到的康賽爾，她買的一系列西裝外套中不但有色彩豐富、圖樣多變的選擇（米黃色、黑色、淺灰色、深灰色、軍綠色、細條紋），還有一件黑色束帶混搭緊身裝的西裝外套，與另一件有大口袋、看似軍用夾克的西裝外套。

史提勒認為，以往新造型的相關資訊都掌握在時尚雜誌的編輯手中，因此可以逕自點名由哪種時尚造型引領風騷，以及之後的時尚趨勢朝哪個方向發展，不過當好萊塢、網際網路與時尚激盪出火花之後，這種壟斷的局面就被打破了。史提勒說：「我們再也不能指著像是迪奧的商品，硬說它是新造型。」她指的是法國設計師迪奧（Christian Dior）在一九四七年推出非常女性化的蜂腰上衣，搭配類似芭蕾舞裙而成的造型，新造型撼動人心，引領往後十多年流行趨勢。

進入網路世代後，透過部落格、社群網站與八卦小報，都可以非常有效地散布時尚資訊，不但加快時尚變化的腳步，也讓我們在同一時間接觸到各式各樣不同的訊息，史提勒說：「原本的時尚帝國崩解成諸侯割據的局面。」今天不論是伸展台的設計師、裝扮前衛的名人、造型師或是時尚部落客，都可以透過二十四小時全年無休的傳媒影響時尚風潮的走向。

話又說回來，如果不是快速時尚業者提供平價物美的商品，我們也沒辦法確立時尚趨勢加以傳播，更無法擴展到世界各地。為了讓消費者永遠有新鮮服飾可以買，Forever 21、H&M與ZARA必須到處尋求新的設計概念，無論這些概念來自大街、傳播媒體或來自伸展台，而且還要動腦筋設法做出有差異的服飾。這不但是充滿挑戰的工作也具有高度爭議。

具有高度爭議

Forever 21是出生於南韓、活力旺盛的張道雲（音譯Do Won Chang）、張金淑（音譯Jin Sook Chang）夫妻在一九八四年成立。該公司的營運總部設在洛杉磯的破舊市區，那是一間待遇只略高於最低薪資的成衣廠。工作環境一點也不舒適，亞曼達說這裡的員工都是用指紋辨識系統打卡上班，而且必須隨身攜帶識別證，早上十點與下午三點會響鈴兩次通知大家休息時間到了，四處都有監視系統確保每個人乖乖地坐在自己的辦公桌前。

亞曼達這樣描述Forever 21的工作環境：「很接近所謂的血汗工廠。我們會在上工後四小時又四十五分鐘後用中餐，員工餐廳提供的伙食比監獄還要糟糕。」當初該公司雇用亞曼達設計屬於公司的原創性商品，但是該公司把便宜的名牌仿製品送上貨架的速度已經快到她的設計圖毫無用武之地，就連她的部門主管也好不到哪裡，每完成一張新設計草稿就會被束之高閣起碼八個月，因為該公司的主要商品都是仿冒當下時尚服飾，要求員工搶在對手之前上架，因此都是買現成的設計圖或者乾脆抄襲。

Forever 21一直擺脫不了剽竊時尚設計師的壞名聲，到目前為止被控侵佔他人智慧財產權的次數已經超過五十次，不過他們並沒有因此負起法律責任。除了布料上的圖案或是珠寶設計之外，時尚設計並不是美國智慧財產權法案的保護對象，福德漢大學（Fordham University）法學教授，也是創立該校時尚法學院的史卡菲迪（Susan Scafidi）指出，美國執行智慧財產權法案時非常堅持這一點，她解釋：「美國聯邦著作權處只認定服飾的功能性價值，因此不能主張它的著作權。」如果只以功利主義看待他人腳上的高跟鞋，或認為有人只因為內襯觸感好而渴望擁有一件羊毛衣，這種時尚觀真的非常可笑。歐洲、印度、新加坡的時尚設計都受到智慧財產權法案的保護，加拿大也有特定的使用限制，不過史卡菲迪認為這些國家執法寬鬆，倒是法國早在一個世紀前就已經採取智慧財產權法案保護時尚產業。

從史卡菲迪的角度來看，美國智慧財產權法案保護時尚設計的態度落後於其他國家，其實是有歷史因素，因為美國一直是製造重鎮而不是設計中心。以往慣例是在歐洲找到設計師，然後由美國成衣廠大量生產歐洲的設計。寬鬆的智慧財產權法案有利於成衣業者，他們可以因此省下雇用設計師的費用，或是雇用素描畫家把最時髦的商品畫出來，史卡菲迪說：「成衣業者只要去市場晃晃，挑出他們認為最熱門的商品——以前的熱門商品來自巴黎，現在則可能來自任何地方——然後依樣畫葫蘆就行了。」不過風水輪流轉，現在在美國找到一位時尚設計師要比找到一位成衣工來得簡單，史卡菲迪認為，這將讓智慧財產權法案朝有利於設計師的方向移動，也已經有很多設計師提出重新檢視相關法案的政治訴求。

類似GAP的服飾公司，雖然會受到前一波流行趨勢的影響，但還是會推出新潮流產品，還有主張自我風格的空間，但是快速時尚業者就不會有明確的自我風格。不論當前趨勢是如何形成，快速時尚業者都會搶在退燒前不斷銷售產品，因此很難具體指出快速時尚業者直接抄襲另一公司的程度有多嚴重。從夏洛特露絲到ZARA這些快速時尚業者的核心業務，包括牛仔褲、運動衫與外套，這類產品線不同於少數季節性的時尚潮流，例如二〇一一年秋天突然爆紅的豹紋裝、繃帶裝與蕾絲造型，是可以在流行趨勢浮上檯面前完成設計或改版上市。

H&M宣稱，自己的產品風格是從時裝秀、設計學院、大街上的觀察、部落格資訊彙整、搖滾演唱會與文藝創作的整合成果，目的是為了創造新穎卻又不會太過脫離當下時尚主軸的商品。H&M有一支為數龐大的設計隊伍，近幾年已經擴充到一百四十人。相較之下，傑克魯的女裝設計師有二十多位，而知名設計工作室也只有個位數的設計助理。

ＺＡＲＡ為人所稱道的優點是，幾乎與時裝秀內容相同。其設計團隊人數是二百五十人，在二〇一一年春天推出的款式就和法國名牌席琳（Céline）雷同，像是外觀極為近似的皮革短褲與短裙，還有特別加寬的長褲都是採用柔和的色調，諸如淺黃褐色、咖啡色與米黃色。這些商品在二〇一一年三月送上ＺＡＲＡ的貨架，就連推出的時間點也都和席琳原版作品亦步亦趨。該公司一直推出和名牌設計師類似的商品，在二〇一一年春天還比照普拉達推出條紋墨西哥帽，差別在於它的版本採用黑白條紋，而普拉達的則是霓虹色調，這使得它同時承擔缺乏原創性的批評與將時尚大師作品帶進大眾市場的讚譽。由於ＺＡＲＡ不曾大剌剌地進行抄襲，因此在二〇〇三到二〇〇八年之間從來沒有指控它侵害他人智慧財產權的訴訟。

直到二〇〇七年都沒有設計團隊的Forever 21，做法和歐洲快速時尚業者大不相同。他們採取向同業進貨的方式作為主要商品的來源，這些同業包括擁有工廠或設計團隊、四處兜售產品的成衣廠及代理商。張金淑就是主要採購者，店裡推出的每個款式都得經過她點頭才行，根據英國媒體《觀察者》報導，該公司一天可以推出四百種新商品，而且習慣把盜版行為歸咎於採購對象，不過上游業者通常是為了配合業者才去盜版。亞曼達說：「張女士會在世界各地搜尋採購標的，在雜誌上圈選或是買樣品、直接去店裡拍照。」然後把這些搜尋成果交由採購團隊去接洽能夠加以複製的上游供應商，除非抄襲其他人的圖樣或是飾品設計，否則就沒有觸法之虞。史卡菲迪在二〇一一年七月於網站上指出，Forever 21之所以能夠一而再、再而三地承受被人指控的壓力，就在於這是他們一種特殊的經營策略：仿冒被逮到之後再想辦法尋求和解，她認為事後付給設計業者的和解費很可能比事前取得授權的費用來得便宜。

H&M在八〇年代末以前的做法和Forever 21一樣，會直接到東南亞國家採購現成的服飾，然後把到處張羅來的商品像拼不完整的拼圖一樣堆在店內。之後或許是考慮歐洲智慧財產權法案認定這種做法有違規範的風險越來越高，他們開始採取不一樣的經營方式。史卡菲迪指出，正是因為在法令比較嚴格的環境下經營，促使歐洲快速時尚業者如H&M、ZARA和MANGO都先後發展出專屬的設計風格而不再直接仿冒。

Forever 21當然不是只靠高檔名牌的平價複製品過活，畢竟伸展台設計師每一季只推出三十到四十件作品，對於不斷推出新品的快速時尚業者而言，這個數量少到無法維持基本營運。快速時尚業者看似未卜先知，掌握趨勢的原因並不是守株待兔地等著抄襲他人，有時候時尚界就是會產生這麼奇特的現象，讓時裝秀設計師在同一時間一起採用炫目的幾何圖案或皮件。

二〇〇五年在南加州大學舉行「大家來分享：時尚與創意的所有權」座談會，知名的設計師福特為聽眾說明時尚界充斥巧合的原因：「從現在這一刻就可以觀察明年時尚趨勢的走向，因此嗅覺靈敏、觀察銳利的那些人很有可能注意到相同的事物，而一件成功的設計作品當然必須獲得社會大眾的青睞，不會太過驚世駭俗。」快速時尚的設計團隊或是採購單位，其實就和高檔名牌設計師一樣專精於觀察趨勢走向，因此儘管快速時尚業者迅速出清的生產體系在測試或品質標準方面有所不及，卻還是能善用自身優勢，在看完當季時裝秀或見到某些趨勢後不久就能迅速推出商品獲利。

仿冒時尚不需要運用科學理論，所以一直流傳很廣，特別是在早年的美國。當年的批發服飾業者會仿冒巴黎的女裝風格，因此在迪奧窄版裙送到客戶手上之前，消費者就可以在梅西百貨買到仿製產。史卡菲迪描述二次世界大戰前的狀況：業者派人溜進法國時裝秀會場，素描速寫後發電報給成衣廠。她還說：「或者他們也可以在碼頭竊取、刺探，匆匆拍下幾張照片。」當然還是會有百貨公司向巴黎時裝設計師取得授權，但是非法仿冒實在是防不勝防。

現在仿冒品的精緻度已經和當年不可同日而語。網際網路讓時尚設計師享有高調的行事風格，卻也讓競爭對手更容易複製他們的心血結晶，史卡菲迪表示：「只上網就可以同步看到時裝秀的照片，然後馬上交給亞洲的成衣廠生產。這些照片的品質好到無從挑剔，不但可以三百六十度旋轉，還能高解析度放大細節，看清楚設計師用的是哪一種鈕釦。」結果就是複製出幾乎一模一樣的服飾，就連特殊的剪裁或裝飾都難以區別。Forever 21唯一被告成的侵權案發生在二〇〇八年，因為他們推出的上衣和加州的設計工作室Trovata實在太過相似，兩者都使用由大而小、每顆顏色互異的一串鈕釦，而且都包括黃色、綠色、紅色與乳白色。Forever 21採取以往被控侵權後的相同做法，設法和對方達成庭外和解。

消費者常常不知不覺買回仿冒的快速時尚服飾。我曾經在H&M買一件有好幾個口袋、四四方方的米白色上衣，幾個月後卻在波道夫古德曼百貨看到設計師利普斯（Adam Lippes）也有近似的作品，說不定他的設計靈感也是來自他人，畢竟現代的時尚產業相較於一個世紀之前已經更普遍接受互相模仿。二〇一一年，雷夫羅倫在林肯中心舉行慈善晚宴，利普斯接受歐普拉提問時坦言，自己的成功是因為四十五年從不間斷的模仿。

美國國會目前正在審議「防設計仿冒法案」（DPPA）以保護時尚設計業者。該法案在二〇〇七年首次提出，幾經折衝已經限縮成針對可在本質上辨識出為其所屬作品的範圍，給予設計業者三年的保障期，不過大多數接近或非常近似的設計作品在該法案的規範下，仍舊沒有觸法問題。美國時尚設計師協會（CFDA）主席弗斯騰伯格，以及設計師米勒、珀森（Zac Posen）領銜為該法案進行遊說，不過這個法案卻在設計業內造成兩派意見。福特在南加州大學的座談會上指出，由於高檔名牌的消費者與仿冒品市場有所區隔，所以他非常樂見有人願意模仿他的作品。座談會的主持人請教福特與《紐約時報》時尚評論員崔貝（Guy Trebay），如果時尚產業比照書籍或電影適用智慧財產權法案，會造成多大衝擊？崔貝直截了當地說：「那就沒有時尚可言了！」福特接著說：「一點也沒錯！」真是一針見血啊！

模仿與抄襲

所謂趨勢就是大家一起模仿某一種風格，而我們現在就是依靠趨勢在販售成衣，那就不難理解，為什麼時尚界會有那麼多人用盡辦法保護他們互相抄襲的權利。羅斯提雅拉（Kal Raustiala）與史普利格曼（Chris Sprigman）兩位法學教授根據實際狀況指出，仿冒品有助於加快創造趨勢到退燒的完整過程，實際上可能有益於美國成衣業，因此沒有制訂防設計仿冒法案的必要。他們兩人聯名提交給國會的報告中寫著：「整個時尚產業的運作機制都建立在消費者追求新事物的需求，仿冒行為其實可以替這整個過程火上加油。」

面對高毛利的時尚商品或是昂貴的設計費用時，會讓我們有理由接受仿冒或其他遊走法律灰色地帶的行徑，甚至認為這樣才叫做公平。作家穆爾克（Christine Muhlke）在《紐約時報》發表自己追蹤ＺＡＲＡ仿冒席琳的過程，她發現席琳的絲質晚禮服要價九百九十美元，而ＺＡＲＡ相似的服飾價格打了一折。不過，如果仿冒者的規模是營收數十、數百億美元，還擁有高市佔率的大企業呢？Forever 21與ZARA可不是當年窩在第七大道抄襲巴黎時裝的小型成衣廠，而且也沒有專挑少數人才買得起的高檔名牌商品仿冒，他們可是足以打垮競爭對手的大企業，不論是高檔的奢侈品名牌、獨立的設計工作室，或者是經營型態介於兩者之間的所有廠商。

二〇一一年七月，Forever 21侵權受害者是一家小規模、美國本土的自有品牌Feral Childe，他們手繪印地安帳棚的圖樣出現在Forever 21的衣服上。這家小型設計工作室的服飾零售價大約一百五十到三百美元，如果可以用十分之一的價錢在Forever 21買到相同的衣服，消費者根本不會考慮購買Feral Childe的產品。史卡菲迪同意這是一起中價位、商品價格相對負擔得起的設計工作室，也會被侵權仿冒的司法案例，不過她說：「從消費者的角度來看，他們可以花更少錢買看起來差不多的產品，有何不可？」

時尚界跟科技業不同，科技業迅速的創新會帶來程度不一的改良，而時尚界的創新只會帶來沒由來的風格更迭。時尚沒辦法改良，只會改變，對於某些時尚愛好者甚至是設計師本身而言，改變本身可不見得是受歡迎的事。由於缺乏對盜版的限制，再加上越來越精緻的仿冒品居然能後發先至地搶佔市場，使時尚的改變步伐已經快到讓人抓狂，而我們每個人也都活在難以捉摸的趨勢巨輪下。

時尚的變化越來越快，設計師為了推出下一波新造型的壓力也越來越大，迫使他們不但要互相參考彼此的設計草圖，也要回頭從歷史中挖掘可以派上用場的想法。眼看二〇一〇年的風格再次走回九〇年代流行過的小碎花洋裝、寬鬆中空裝、高腰短袖上衣和大頭皮靴，就讓我對這一點的感受特別深刻，不過女性消費者還是買衣服不手軟，彷彿這些風格過去不曾有過，也忘了不久前大家還一起嘲弄《六人行》（*Friends*）影集裡角色的過時穿著。

時尚設計師和採購人員經常在二手舊衣集散地挖掘新靈感，在頗受歡迎的布魯克林戶外跳蚤市場經銷二手舊衣的貝雷克特（Sara Bereket）表示自己經常是受害者，她說：「大家都知道他們會小心翼翼地抄襲時裝秀作品，卻沒什麼人注意到他們會大剌剌地在二手舊衣市場中無所不抄。」貝雷克特的指控對象不只是快速時尚業者，還包括高檔的名牌設計師。曾經有一位顧客向她買一件凱文克萊在七〇年代推出的開士米羊毛衣，又說這件羊毛衣隔天會寄到中國加以複製，貝雷克特氣憤地說：「這就是我們現在所居住的世界。」

貝雷克特在位於布魯克林的公寓裡，堆滿她用一整天時間窩在倉庫才從舊衣回收中心蒐集來的服飾。她從衣櫥中拿出一件八〇年代的綠色絲質洋裝給我看，告訴我她的朋友也有一件圖案一模一樣，但是是從H&M買來的衣服。我還記得史卡菲迪曾告訴我，二手舊衣市場算是公共領域，沒有所謂的盜版問題。貝雷克特接著又從地板上成堆的衣服中抽出好幾件九〇年代的碎花洋裝與上衣，還有八〇年代流行過的連身裝，這些式樣都是當前服飾店裡最暢銷的商品，她不解地問：「打從這個世紀以來，我們真的有過什麼流行主軸嗎？低腰褲嗎？除此之外，所有本世紀的流行趨勢都是從過去拷貝來的。」

貝雷克特以前也不會對時尚產業如此冷嘲熱諷。她是在阿姆斯特丹長大，還有一位從事時尚設計的阿姨，這樣的機緣讓貝雷克特每年都會去義大利好幾趟，到高檔名牌精品店購物；她說：「我一直很喜歡跟上設計師的時髦創意，找些有趣的衣服穿在身上。」五年前她第一次踏上美國土地就被平價時尚給打敗了，她說：「我實在無法忍受去Forever 21買一件上衣，穿三次就把它丟了。」可是她卻很快融入相同的行為模式，只去該店買衣服。但她後來成為二手舊衣的經銷商，又發現以前常去消費的店家根本是抄襲他人的設計風格，從此不再購買新衣服，她說：「除非他們能夠做出不一樣的新商品，否則我不會再買新衣服了。」

對於時尚設計師缺乏原創性或是斂財牟利，我一定會罵得口沫橫飛，特別是想到很多奢侈品價格從一九九八到二〇〇八年，這十年間漲了一倍的時候。在我這種門外漢的眼中，時尚設計師的生活一定既奢華又炫麗，但這個領域已經變得異常擁擠又競爭激烈。

時尚界透過名人成為鎂光燈的焦點，《決戰時裝伸展台》這類真人實境秀也刺激更多人就讀設計學校，這表示時尚界的競爭會變得越來越激烈，剛畢業的設計師會面對數不清的挑戰。

推出新的設計品牌，意味著要投入一筆大到足以讓人負債累累的資金。據我所知，有位設計師首次推出系列商品的代價是負債五萬美元。由於生產數量有限，除非採取高毛利的訂價策略，或是儘快找到名人與金主加持，否則初出茅廬的設計師難以獲利，最差的情況還得避免在欠下一屁股債的窘境下退場。

除非是大企業，否則Forever 21、H&M與標靶相較之下都具有難以匹敵的規模經濟優勢。當中國的生產成本在二〇一〇年八月大幅上揚之際，H&M卻在此時宣佈調降商品售價。接受時尚網站訪問時，該公司相關人員如此描述公司降低成本的能耐：「我們在三十七個國家設有超過兩千家店面，不但能夠帶來夠大的生產規模，還可以排除中間商賺取差價的空間。此外，公司內部還設有一支上百人的設計團隊，所以我們完全可以靠自己的力量提供商品。」這樣看來，怎麼可能有任何一家獨立的設計工作室擁有和H&M一樣揮灑自如的資源，更別提大多數的服飾店、小品牌或是成衣廠了。

很多獨立的設計工作室會透過百貨公司和精品店銷售成衣。也就是說，加上零售業正常賺取的價差後，消費者買衣服所要支付的價格會高於買H&M的衣服。譬如，Theory的售價多半壓在三百五十美元以內，像是愛麗絲奧利維亞（Alice + Olivia）等多數設計工作室的情況也差不多。老實說，在產量與零售通路都有限的前提下還要維持這個價位並不容易，前《時尚》

雜誌專欄作家，也是主導博德金（Bodkin）品牌營運的哈特曼（Eviana Hartman）說，透過實體店鋪銷售對新進設計師而言很艱困，因為零售通路無可避免的價差就表示商品的批發價要壓得很低。哈特曼的博德金設計風格包括不對稱的洋裝與連身裝，採用環境永續的布料，零售價低於三百美元。哈特曼說，她現在都轉往線上銷售或直銷特賣，才能擠出一點利潤空間。

面對無所不在的平價服飾，受歡迎的時尚品牌只能依靠設計師不斷推出新作品，才能維持好口碑、獲得消費者的忠誠，但也因此增加設計工作室的成本壓力，哈特曼說：「當消費者已經習慣買一件二十美元的洋裝，想要在利基市場打天下就更困難了。新進設計師為了突顯自己的作品，就要想辦法增加讓人讚嘆的元素，而這些元素從來不會是便宜貨。」

譬如，設計師要如何與Forever 21一件要價十．五美元的黑色貼身牛仔褲競爭呢？答案很明顯，就是生產一件頂級到不行、可以讓設計師開價超過三百美元的牛仔褲，用真實信仰（True Religion）頂級布料生產的魅影系列牛仔褲就是一例，其零售價三百七十五美元。頂級牛仔褲的布料通常來自北卡羅來納州的紡織廠，那裡有一九五〇年代就開始運作的舊式紡織機，可以用梭子編織出奇特又凹凸不平的紋路，賦予牛仔褲布料更多特質。其他塑造牛仔褲特質的方式還包括洗滌、車工跟磨損，不過大多數消費者會看重這些加工過程並視為必需的嗎？不會！可是有時候，小公司或是設計工作室想要在大企業平價時尚的夾擊中脫穎而出，唯一生存之道就只能依靠極度誇張的產品了。

如今成衣界高度的競爭壓力似乎也影響產業金字塔頂端的少數人了，《紐約時報》時尚評論家孟克斯（Suzy Menkes）在二〇一一年三月發表一篇文章指出：「快速時尚與無時無刻追尋新鮮事的網路世代，已經使得時尚界的聲望快速貶值。」孟克斯認為這股壓力造成凱文克萊的重整、麥昆（Alexander McQueen）的自殺，以及加利安諾（John Galliano）的下台。克麗絲汀迪奧前創意總監加利安諾，在這篇文章發表後一個月就因為酒後失態、講出歧視猶太人的言論而丟了工作。

可以隨手拋棄的衣服

一九〇四年，德國社會學家齊美爾（Georg Simmel）在《美國社會學期刊》（*The American Journal of Sociology*）發表一篇頗具代表性的文章〈流行時尚〉，用清楚的論證指出商品價格與流行時尚之間的關連：「當一個物品逐漸成為快速更替的時尚主軸時，我們對屬於同類物品的便宜貨需求也就越強烈。」真是鞭辟入裡！我們現在已經很難說服消費大眾用合理價格購買服飾，而快速時尚業者不斷重複推出平價的新潮服飾，也讓說服工作變得更加困難。他們競相推出新商品、忙著加快時尚更替的腳步，其實只會讓消費大眾越來越不願意花錢：為什麼要花錢買一件幾個月後就退流行的衣服？這就形成惡性循環的漩渦。

這讓我想起康賽爾隨手把五十九．九五美元的西裝外套放回貨架的畫面。西裝外套就和其他商品一樣，已經不再是經得起時間考驗的裝扮，只是一種時髦商品，注定逃不過退流行的命運。今天的時尚商品待在貨架上的時間非常短暫，消費者很自然會儘量少花錢去買，就像康賽爾告訴我的，為了能夠追上不斷輪替的時髦商品，她看不出有什麼原因要為某一種時尚風格花大筆金錢，她說：「或許我喜歡今年春天所推出的流行服裝，但是明年春天它可能就過時了，因此我不會為了某一商品投注大量金錢。」現在無論何時都有各種不同的流行趨勢互相爭妍鬥豔，有些消費者就會盤算用省錢的方式去購物，這樣才有機會把各種風格都買齊，康賽爾有位二十二歲的朋友辛蒂就屬於這種人，她說：「我不想花太多錢買上衣，因為流行趨勢隨時在變，我寧可買便宜一點的衣服，這樣才能多買一點。」

時尚更迭的腳步逐漸讓產品品質與作工受到忽視。英國曼徹斯特都會大學（MMU）在二〇〇六年發表一篇有關時尚的研究報告指出，快速時尚公司的確持續減少產品開發與品質管控。接受訪問的一位匿名時尚設計師坦承：「我們有時會面臨嚴重的品質問題，不外乎是為了儘快讓商品能夠在當季上架，前置作業時間太趕只好略過檢測或試穿。」這正是國外成衣廠願意和快速時尚業者合作的原因，更精確地說，快速時尚業者完成進料後就急著生產，很少花時間做檢測、試穿。根據《紐約》雜誌報導，H&M很少取消訂單或退貨，有時候成衣廠願意提供這樣的買主對折優待，因為不太需要提供售後服務。

話雖如此，倒還是有不少快速時尚業者會把產品品質當成賣點，比方H&M就打出「用最便宜的價格買回時尚與質感」口號，並在二〇一一年春天發表取名「覺醒」的一系列商品，採用環保回收塑膠材質與有機鈕釦作為原料，以此當作公司網站宣傳主軸，並獲得媒體廣泛迴響長達一周。兩星期後，他們在網站的宣傳主軸換成夏季服飾和針織衫。我寫一封電子郵件給H&M的公關人員：「我的認知中，強調永續的設計風格與快速時尚業者大量生產的作風，似乎是背道而馳，貴公司如何在這兩個理念中取得平衡呢？」我很好奇他們會怎樣回應這個問題。

結果我收到的回覆足以當作不著邊際、官樣文章的示範樣本：「H&M並不認為自己是快速時尚業者，我們提供摩登的設計和良好的品質，也不認為平價商品就等同於可拋棄式商品，因為服飾的價格與使用期限之間並沒有關連性……我們讓消費者用最便宜的價格買回時尚與質感，好的質感就意味著耐用的商品，而且我們可以負責任地說，本公司商品的生產過程中，不論就環境、社會或經濟的層面都符合永續經營的做法。」

不會有人認為H&M的衣服可以穿一輩子，以一件衣服訂價約二十美元的水準，大家都知道品質不會好到哪，最多只能說：還過得去。朴鐘桓認為，消費者之所以願意接受次級產品的品質，主要是因為我們認為售價這麼低的平價時尚，其品質已經足以讓自己感到驚豔，他說：「顯然消費者預期的品質標準不必然高到一定程度，而且以那種售價來講，其實已經達到相當合理的品質標準。」

平價時尚年代下的產品品質就是用這種相對標準定義，當然造成品質水準日益下滑。不管H&M的公關人員想如何塑造我們的認知，平價對消費者而言就代表可拋棄式商品；平價與快速變動的流行趨勢已經使服飾成為可以隨手拋棄的商品，讓我們不用再問：這件衣服能穿多久？買回家後我真的會穿嗎？朴鐘桓補充說：「回家後你可能會拿出來再試穿一次，要是真的不喜歡，隨手把它仍掉就好了，反正沒花什麼錢，你也不會有多大損失。」

我父親到現在還忘不了他小時候不小心把飲料灑在一件五美元的格子襯衫，當時他多麼害怕。那是六〇年代的事，最低時薪還不到二美元，弄髒那件衣服免不了招來一頓責罵。不過那時候衣服的品質還真經得起考驗，我父親清楚記得，他最終竟然能把那件衣服穿到不能再穿為止。一九六五年為了參加高中舞會，我父親買了三件式套裝，那件背心還穿到八〇年代中期，而且看起來也沒有過時。品質絕對是個相對性概念，只是我們現在忽視衣服品質的程度可說是史上未見，依照紐約流行設計學院行銷教授兼品管專家柯密爾的觀點，產業界對品質良窳的定義很簡單，端看消費者滿不滿意而已，如果消費者沒有回到店裡要求退換貨，就表示商品品質已經達到標準。

可是依照我的個人經驗，一件不到三十美元的衣服就算讓我感到不滿意，也很可能懶得拿去退換貨，當然也不會花心思去照料衣服，很可能穿一次就把它塞進衣櫥角落。H&M這類業者當然可以宣稱他們的產品品質不錯，因為在快速時尚盛行的年代，直到衣服的縫線開花、沾上洗不掉的汙漬頑垢，或是我們又開始關注下一波潮流之前，我們已經可以穿過衣服多次，畢竟這個年代的品質是用能夠洗幾次的方式衡量。

Chapter 05

平價衣服的晚年

某天早晨，我到布魯克林昆西街基督教救世軍捐贈中心拜訪，那是一個非常不起眼的角落。那時他們收到的捐贈品只有書籍，把單房式的公寓堆得滿滿的。慈善捐贈的衣服通常要等到換季時才會爆量湧入，或是到了年底人們想要藉由捐贈達到節稅目的。

我到訪那天是仲秋的某個工作日早晨，是捐贈衣服的淡季，不過我也不是來觀察別人怎樣開著車子把裝滿衣服的袋子送到這裡。我扮演送衣服的角色次數已經數不清了，每次都使盡力氣才能把大塑膠袋拉進慈善機構，袋子裡有平價便鞋、長袖上衣和長褲。我來此的目的是想知道，被送到救世軍的服飾究竟會流落到哪裡。

因為宗教的關係，我就讀高中、大學時會去慈善二手商店，譬如救世軍、慈善機構Goodwill所屬店面買衣服，在貨架上來回搜尋鬆垮垮的燈籠褲，和印上業餘球隊或汽車精品店標誌的特色T恤。慈善二手商店可以讓我花少許錢就穿得與眾不同，可是現在隨著服飾店的售價不斷下滑，平價服飾的設計與款式也有所改進，我就不再光顧慈善二手商店了。我們現在可以買到全新的復古風T恤，或其他稀奇古怪的T恤，甚至有些風格看起來就像是真的從汽車精品店買來一樣。

我走到街角熟食店點了咖啡，等待捐贈中心的助理主管茂伊（Michael "Maui" Noneza）帶我去他們的庫房。「要出發囉！」他用太平洋島活潑熱情的語氣向我問好，接著帶我走進寬廣的貨運電梯直上三樓。電梯上升時晃動得很厲害，等到電梯門一打開，迎面而來的是略顯混亂的場景，有點類似聖誕老人分包禮物的工作室。十多位西班牙裔的女性工作者站在一排木製輸送帶的後面，把衣服從巨大的灰色置物箱中拉出來，依照夾克、褲子、童裝等不同的大項目分門別類。茂伊告訴我：「只有狀況最好的衣服才會被我們貼上標價。」負責訂價的人坐在移動式高腳椅上，快速又有系統地在八十個衣櫃架裡來回穿梭，直接根據衣服外觀狀況和品牌做出直覺式的判斷。曾經去救世軍或其他慈善二手商店買衣服的人都知道，這種倉促的判斷往往造成美麗的誤會，我就買過一件標籤都還貼在上面、售價才五美元的純絲質上衣，還用十五美元買過一件出自高檔名牌設計師之手的精緻皮背心。

救世軍設在昆西街的捐贈中心儘管不起眼，但卻是分佈於布魯克林、皇后區八個二手商店的配銷總部，平均每天要處理五噸別人不要的衣服。捐贈活動在節慶假日會攀高，他們要處理的衣服更是難以勝數。在驚人的捐贈數量中，救世軍每天只挑選一萬一千二百件衣服，平均分配到所屬八家慈善二手商店。我問茂伊，該機構是否曾有失去號召力，捐贈衣服數量少到沒辦法讓他們挑出一萬一千二百件？他笑著說：「我們從來沒短缺過衣服，總是有非常充分的數量可供我們挑選。」

說的也對，哪個美國人的衣櫥裡沒有只穿過一、二次的衣服，等著減肥成功後才要穿的褲子，甚至是還沒拆封的全新洋裝和夾克？單以常識與生活經驗就足以讓我們知道，絕大多數的衣服不是使用率偏低就是根本被忽略了。《聰明購物》（*ShopSmart*）雜誌在二〇一〇年對全美進行調查發現，四分之一的美國女性擁有七件牛仔褲，但是只會輪替穿的只有四件。我的數百件衣服只有十到十五件會經常拿出來穿，使用率不到百分之四，難怪慈善機構會收到標籤都還貼在上面的全新衣服，茂伊說：「每天都會看到有人把全新的衣服送過來。有一次看到一件全新的洋裝，上面的標籤標價是八百美元，我們只以四十美元賣出。」

只不過我們很難感受衣服越買越多與浪費之間的關連，或許是因為沒穿過的衣服不會像其他拋棄式商品一樣馬上被丟掉，只是這些衣服被堆積在衣櫥角落裡。衣服太多會擠壓我們的居住空間，聽起來多新鮮啊！可是我本身就是一個逐年惡化的例子。二〇〇二年我搬進紐約的第一棟公寓時，所有的衣服恰好可以擺進狹小的衣櫥，但現在即使我住的地方有儲藏室、懸掛式鞋櫃與各種收納箱，但是衣服還是多到找不出地方安置，只好隨手堆在床上、化妝台，甚至丟在地上。

於是宜家家居（IKEA）、貨櫃商店（Container Store）或是樂柏美（Rubbermaid）紛紛推出各式衣櫥、收納櫃，協助消費者從成堆衣服中搶回居住空間。十五年來新蓋的房子都設有一間比我家客廳還要大的更衣間，平均佔地約六乘以八平方英尺，比四十年前的客房還要大。室內衣櫥太小的房子賣相越來越差，我曾經想分租一間臥室，可是很多人看過臥室內三尺長、單桿式的衣櫥後就打退堂鼓。

室友告訴我她登錄成為求職網站shoedazzle.com的會員，該網站屬於線上俱樂部，會員每個月只要花三十九．九五美元就可以收到一雙由知名時尚設計師挑選的鞋子，她說，她實在無法抗拒擁有數不清鞋子的誘惑。我一臉疑惑地看著她，問道：「妳上個月的鞋子到哪去了？」這個提問讓我的室友很疑惑，因為這個年代沒有人會去想那些不再穿的鞋子到哪去了。

很多消費者偏好平價時尚的部份原因在於，不用再緊盯新推出的熱門商品。YouTube有一個十六分鐘的開箱文影片，主角是一位二十四歲、大眼睛、網名DulceCandy的棕髮女孩，她在攝影機前秀出十來件洋裝、羊毛衫，還有琳瑯滿目的鞋子和其他裝飾品，這些都是她在Forever 21花一整天買來的戰利品。她說：「我愛死快速時尚了，我喜歡這些隨用即拋的商品，這些衣服只要穿兩次就可以丟掉了。」有些消費者把穿過的衣服直接當垃圾丟掉，不只是被染色的上衣、弄髒或是穿破的襪子，還是變形到不能再穿的內衣，另外還包括許多可以再穿的衣服。以下這個數字雖然包括床單、毛巾之類的消耗品，但是仍舊讓人怵目驚心：根據美國環保署調查，美國每年丟掉一千二百七十萬噸、相當於每人平均丟掉六十八磅的衣服，統計數據估算這些廢棄物中大概有一百六十萬噸，是可以回收或再使用的衣服。

越來越多的衣服就等於消耗更多的石油、能源與水，關於這一點我們一樣沒有強烈的感受。二〇一〇年冬天我請一位可愛的高中實習生幫我訪問她的朋友，平常是怎樣購買與報廢衣服，其中一位十七歲的高中生表示：「衣服可以重複使用，所以不會破壞環境啊！」這是一般大眾共同的認知，然而事實上卻有數量龐大的衣服直接被當成垃圾處理，根本沒有回收使用，製造衣服過程中對環境的衝擊更是完全被忽視。就算塑化產品可以回收再使用，但生產塑化產品當然對環境有害。很不幸的，我們身上的衣服就有將近半數來自塑化產品，只是正式名稱叫做聚酯纖維罷了。

製造布料纖維的過程從來就不環保。維吉尼亞州的Avtex Fibers曾經是全球最大的人造絲工廠，在一九八九年因為汙染工廠周邊的水源和土壤被迫關廠，到現在還是美國環保署汙染整治基金的列管對象。不論就技術或法規而言，美國紡織業近幾十年對於減少環境衝擊的改善都有長足進步，可是實際上大多數業者都已經外移到其他汙染防治設備較落後的國家，甚至是窮到沒有能力在布料生產過程中減少環境衝擊的國家。我去過孟加拉諾爾辛迪（Narsingdi），該地一直是孟加拉歷史上的紡織重鎮，現在逐漸調整成外銷導向的專區。大大小小的紡織廠順著高速公路一路綿延，長長的排水管不斷向水溝、池塘傾倒五顏六色的染料，每家紡織廠怪獸般的機器設備佔地都高達數十座倉庫，消耗可觀的電力與水資源。

日益擴大的汙染

產量佔全球紡織市場十分之一強的中國，其汙染問題更是環境的災難。我在二〇一一年到廣東，當時空氣汙染嚴重到能見度只及高速公路五百公尺以內距離，再遠一點的景象都被煙塵吞沒，完全無法拍攝。當我從深圳到東莞沿著高速公路逐一訪視各工業城時，吸進肺部的髒空氣不只來自遠處看不見的聚酯纖維廠，還有來自中國至今仍然倚重的集中式大型發電廠。當時我的喉嚨不但受不了，眼淚、鼻涕狂流，更不時傳來一陣陣的頭痛，鼻竇發炎的問題直到回美國好幾個月後才痊癒。美國當然也無法擺脫全球環境汙染的問題，根據文獻記載，美國西岸自從九〇年代晚期就偵測到來自亞洲的一氧化碳和其他汙染物，當地的氣候也因此受到影響。不論我們身在何處，現在工業發展全球化所造成的氣候變遷問題，已經是不爭的事實。

這趟中國行有一位成衣廠女業務莉莉陪著我，我問她對於自己國家的空氣汙染有什麼看法，她似乎沒聽過「汙染」這個詞彙，我只好用手比了一下灰色的天空，再用力咳嗽幾聲。莉莉一點就通，她說：「喔，這邊的工廠這麼多，空氣當然沒那麼好啊。我們也希望有一天中國的空氣品質能夠好一點。」她沉默一段時間後接著說：「可能一百年以後吧！」說完就咯咯笑了出來。我心裡想，中國怎麼可能再承受這種情況一百年呢？廣東到現在還沒有汙水處理系統，成衣廠染料經常直接排放到河川湖泊，已經把珠江流域染得又紅又藍。旅程中，莉莉提議帶我去附近的山區走走，這個想法讓我倒抽了一口氣，只好婉轉拒絕她的好意。

人造纖維包括一種叫做纖維素布料，是從天然原料的副產品中提煉製成，包括人造絲、醋酸纖維、酮氨纖維，和近年來發展迅速的竹纖維，而用來生產纖維素布料的物質諸如碎木屑、棉花屑，都必須先用有毒化工原料處理，才有辦法加壓擠成一縷縷絲線。人造纖維另一個更重要的原料是石油提煉成的塑化產品，既然石油不屬於再生能源，塑化產品也要經過好幾百年才能完成生物分解，這一種人造纖維自然也會對環境永續造成不小的衝擊。現在還有另一種到處買得到、無須特別照料的混合式神奇布料，像是我衣櫥裡就找得到的聚酯纖維混人造絲，或是羊毛、尼龍混醋酸纖維，但是我們並沒有將這種布料重新分解還原的技術，所以是另一種無法回收利用的布料。

很難將紡織業製造的大規模汙染歸咎於單一的布料材質。每種布料或多或少都會對環境生態造成相當程度的損害，專注於環境議題的記者考克斯（Stan Cox）報導，就連用來生產羊毛的牧場都會有土壤侵蝕、水汙染的問題，不利於生物多樣性的發展。生產皮革免不了有毒重金屬的危害，所有人造纖維的生產過程都會排放溫室氣體並造成水汙染，美國棉花田每年需要用掉二百二十億磅除草劑。不論是漂白或是染色，絕大多數布料都要浸在有毒的化學槽中才能變得更鮮豔、更柔軟、更不會褪色、更防水、更不容易產生皺褶，或是具備各種我們對服飾要求的特性，接著還要在曝曬燈下晾乾，這又是另一個極度消耗能源的過程。

紡織業長期以來都不是對環境友善的產業，但是如今紡織業讓人害怕的生產規模才是惡化環境問題的關鍵。當中國和印度也培養出一批開始注重品味的中產階級時，纖維布料的總產量更是以戲劇化的成長方式加速耗竭各種資源。在此引用歐瑞康（Oerlikon）出版的《二〇〇九至二〇一〇紡織年報》（*Fiber Year 2009/10 Report*）數據，一九五〇年全球紡織布料產量只有一千萬噸，這個數字如今已經暴增到超過八千二百萬噸。現在的全球時尚產業就像是巨獸般破壞環境，要計算出精確的數字不容易，不過以下這些數據已經讓人瞠目結舌：根據英國記者席格樂（Lucy Siegle）報導，現在每年大約有一億四千五百萬噸的煤，還有介於一・五兆到二兆加侖的水用於生產布料。

茂伊和我搭著貨運電梯下樓，走進捐贈中心回收處另一端的隱蔽小倉庫。茂伊告訴我，這個地方就是廢棄衣服最終的歸宿。所謂廢棄衣服，指的是可以一眼看出太過髒汙破爛、跟不上流行，或是送去慈善二手商店後乏人問津的捐贈衣服。救世軍慈善二手商店只會用一個月時間銷售捐贈衣服，Goodwill的衣服大概也是用三到五星期尋找買主，賣不掉的衣服只好裝進大置物箱，最後送到像這樣的小倉庫報廢。

這間報廢室裡面有兩個人靜靜地把T恤、洋裝，等等各式各樣的衣服送進像是垃圾車後斗的壓縮機內，把它們擠成一個個整齊、每個重達半噸的立方體，然後再用堆高機把這些完成綑綁的半噸立方體送到倉庫中間，堆成一座小山。我可以看見平價服飾的標籤懸掛在立方體的邊緣，還有被擠爛的牛仔褲、寬條紋亮棕色的針織衫、表面平滑的風衣。這些衣服都被擠壓在一個立方體內，完全失去它們原本存在的意義，就像是堆成一包包的寵物飼料。衣服再怎麼說也是耗費資源才生產出來的布料，而大量的廢棄衣服根本是令人髮指的浪費。雖然服飾店讓我們忽視這鐵一般的事實，但在報廢室中的這一幕卻直接給我一記當頭棒喝。只要三天，光是昆西街救世軍捐贈中心的廢棄衣服就可以搭出一面重達十八噸的牆，也就是三十六個立方體，這還只是美國境內一座城市裡的一個救世軍據點，它一小部份的廢棄衣服而已。

從十九世紀末以來，歐洲和美國的慈善團體就開始從事舊衣回收發放給窮人的工作。美國基督教救世軍組織是在一八七〇年成立，當時美國總人口數不到四千萬，幾乎所有的衣服都是用手工縫製。慈善機構直到五〇年代才開始設立零售據點，販賣二手衣的收入成為支撐機構營運的主要財源，慈善事業的運作也改採間接方式進行：用賣衣服的收入支應各項不同的慈善工作，這就是現在慈善捐贈衣服整個系統的運作模式。

第二次世界大戰後進入消費文化的年代，美國人所得增加可以用來買更多的衣服，衣櫃內的服裝也越來越多樣化，包括青少年服飾、辦公室裝扮、運動衣和休閒服，慈善機構也從這個時候開始收到二手卻還很耐穿的衣服，但到了近十年，由於服飾價格不斷下降，慈善機構收到的衣服就包括沒穿過的。貫穿整個九〇年代，Goodwill回收衣服數量的年成長率高達一成，在二〇一〇年該慈善機構所屬各零售據點除了一般居家用品外，總共賣了一億六千三百萬磅的二手服飾。

我以前認為，每一件我不想再穿的衣服只要捐給慈善機構，最後一定會送到窮困受凍的人手上，不然也會有勤儉持家的人藉此開啟衣服的第二春。我稱這種想法是：衣服不夠穿的迷思，而且顯然我不是唯一這樣想的人。有一位讀者在二〇〇七年投書《紐約時報》，指出自己捐贈的衣服居然被賣到非洲，她相當不能接受。《紐約時報》副刊雜誌《道德家》（*Ethicist*）專欄作家柯翰（Randy Cohen）引用一位國際勞工團體領袖的話做出回應，要該讀者觀察有沒有一家慈善機構可以不用透過中間商，就可以直接把捐贈衣服交到需要衣服的人手上，尤其是社區裡那些需要衣服的人。美國人似乎相信，一定有人非常需要自己把不想穿的衣服捐給他們，這樣的想法實在錯到無以復加。

慈善機構早就沒辦法把我們送過去的二手衣全部賣掉，二手衣回收商中西部紡織（Mid-West Textile）一位董事帕本（John Paben）直截了當地說：「慈善機構沒辦法做到這一點。」

他說，慈善機構早在二次世界大戰以前就已經收到過量的捐贈衣服，早期賣不掉的衣服最終只能丟掉，他補充說明：「不論是以在商言商的方式賣掉或是直接丟掉，社會大眾都無法接受這兩種做法。」對他而言，有人不滿意慈善機構處理捐贈衣服的消息根本不是新聞，因此慈善機構必須尋求其他解決方案。把賣不掉的衣服轉換成具有工業用途的回收布料，這類商機讓舊衣回收產業趁勢興起，不過無法回收處理的廢棄衣服，終究還是只能用垃圾掩埋的方式處理掉。

越來越多像是中西部紡織這樣的二手衣回收商，成為慈善機構處理過量捐贈衣服的好幫手。帕本的公司成立於一九八二年，他說：「二手衣回收商負責分類衣服，並且到世界各地找潛在買主，設法開拓市場，久而久之，直接當垃圾掩埋掉的衣服就會越來越少。」今天我們就是靠二手衣回收商替大多數捐贈衣服找到下一個歸宿。根據帕本的經驗，所有我們傾倒在慈善機構門口的衣服中，只有不到兩成的比率可以透過慈善二手商店賣出去，大約有半數衣服沒機會上貨架，只能交給中西部紡織之類的公司進行廢棄回收處理。

儘管很低調，但二手衣回收業卻與紡織業一樣有悠久的歷史，可以說是最古老、最原始的資源回收產業。早在一九〇四年，《紐約時報》就有一篇名為〈最懂得廢物利用的美國〉文章描述當時已經相當興盛的二手羊毛交易，當時的廢物利用專指從英、法進口的碎布或其他破爛羊毛衫中回收羊毛，重新聚集成堆的羊毛後再重新做成可以再次使用的新布料，有時候則會混上一點棉花纖維。據說這樣再生的纖維布料看起來就跟真正的羊毛纖維一樣，不過價格便宜多了。一位回收商告訴《紐約時報》：「美國人需要便宜的羊毛衣，或是看起來像是羊毛的衣服，這就是我們必須不斷擴大廢物利用生產量的原因。」

回收還是丟棄

美國現在已經有好幾千家二手衣回收商，其中有些已經傳了好幾代的小型家族企業。我拜訪一家位在紐澤西州、歷經三代經營的二手衣回收商全美貿易公司（Trans-Americas Trading Co.）。該公司共有八十五位員工，每年處理的二手衣服近一千七百萬磅，公司裡也有由廢棄衣服壓成立方體後堆成的一堵牆，高五個立方體、長度超過二十個立方體，負責人史塔賓（Eric Stubin）說：「這面牆相當於好幾十萬磅的廢棄衣服，我們每天都可以壓出兩面這樣的牆。」該公司回收處理的數量，隨著美國人近年逐漸增加的服飾消費量一起成長。

史塔賓在媒體公關上花了很多心力，避免社會大眾把回收事業當成只會吸血的寄生蟲，他的說法彷彿是《道德家》專欄回應讀者的範本：「我們替慈善機構提供價值匪淺的服務。」他帶我參觀暫時存放在公司巨大倉庫裡的二手衣，內部陳設看起來類似救世軍捐贈中心的分類區，一樣有傳送帶、置物箱、用壓縮包膜好的衣服堆成的牆面，差別在於規模大了不只十倍。史塔賓說：「我們從慈善機構那邊把報廢的衣服買過來，讓他們每年光靠賣回收衣服就能賺好幾百萬，否則慈善機構只能把這些衣服當成垃圾丟掉。」

看著廢棄衣服堆成像長城一樣壯觀的畫面，不禁讓我拿塑膠回收來相互對照。當我們把塑膠瓶扔進資源回收桶，回收業者要怎樣回收再生或賣給懂得廢物利用的公司賺取利潤，這些都不會是我們在意的事情，但是回收二手衣賺取利潤的公司卻會讓我們感到不自在，史塔賓直言不諱地指出：「現代社會有哪一個資源回收產業，不是由想要賺錢的私人企業扮演主要角色呢？」如果沒有二手衣回收商，慈善機構很快就會被賣不掉的捐贈衣服吞噬，到最後還是只能把衣服丟掉。我們不樂見這種情況，但若是如此，就能看到塞爆家裡或是填滿垃圾掩埋場的衣服，逼著我們正視自己到底製造了多少廢棄的衣服。

全美貿易公司經手的二手衣來自紐約市半徑一千英里之內，收受太多捐贈衣服的慈善機構，這些廢棄衣服就跟我在昆西街救世軍捐贈中心看到的情形一樣，都是被混在一起壓縮成立方體的形式送進倉庫，史塔賓說：「我喜歡用比較簡單的三種分類方式：能用的、不能用的、難看的。」他帶我穿越一群忙著把衣服、褲子分開送到輸送帶的女員工，他繼續說：「我們的貨源千奇百怪，有磨爛的運動服、又髒又破的毛巾，也有還可以繼續穿的衣服。」負責分類的員工會把可以穿的衣服，區分成兩百種不同款式的商品，譬如棉質上衣、嬰兒裝、夾克、毛衣、卡其褲和牛仔褲。分門別類之後，員工會再依照衣服從被穿過到被穿爛之間的品質差異，區分出好幾種不同的等級。經驗老到的分類員工有一雙鑑識眼，能夠把知名品牌服飾、開士米羊毛衣、珍貴稀少的典雅服飾挑出來，不過該公司有半數以上的衣服屬於難看或不能用的等級，在現今二手衣回收產業中算是相當常見的比率。

二手物資與回收布料（SMART）產業公會的統計資料顯示，二手衣回收商處理的廢棄衣服中，只有不到一半的品質好到可以繼續當成一件衣服穿，大約兩成的二手服飾爛到只能轉賣給纖維業者分解成可再次使用的多種料件，像是絕緣材質、地毯襯墊或是建材，另外約三成的廢棄衣服只能用每磅八美分的價格賣給抹布製造商。史塔賓說，只有極少部份、約百分之五的廢棄衣服才會當成垃圾丟掉。

經營二手衣回收並不容易，近年來爆大量的二手服飾更進一步衝擊產業生態：二手服飾收購價格在過去十五年跌了百分之七十一，讓這個產業的競爭更加激烈。史塔賓估算，自己公司轉手的產品中有超過半數是賠錢，賣給纖維業者的售價每磅只有二到四美分。此外，捐贈的衣服品質不佳也是拉低售價的主因。

現在慈善二手商店充斥著在平價服飾專賣店買來的衣服，以我個人的經驗，想要在慈善二手商店挖到寶的可能性越來越低，有幾次我像是忍不住去撲火的飛蛾，想要在救世軍慈善二手商店找一件不錯的上衣或羊毛衣，結果卻只看到H&M或是標靶的標籤不斷躍入眼簾。我曾經去Goodwill在紐約西二十五街靠近聯合廣場的門市，檢視他們前一百件女用上衣的標籤，結果發現其中有五分之一不是來自於Old Navy、H&M或Forever 21，就是來自標靶。

二手衣回收商也注意到平價服飾已經成為主要貨源，帕本說：「我敢說，捐贈中心送來的二手服飾品質真的是每況愈下。」我問他是不是指一般消費者都去折扣商店或是連鎖平價服飾店消費的結果，「當然是啊！」不過他接下來的說法就比較謹慎了：「沃爾瑪、凱瑪、標靶這些百貨的的營業據點越來越多，在成衣消費市場的佔有率也越來越高，表示這兩者之間一定有非常明顯的關連。」

除了一些沒穿過的廢棄衣服，慈善機構回收的衣服裡也有數量龐大到難以想像的捐贈品，和破布沒什麼兩樣。現在美國人不再縫補衣服，我個人就曾捐贈掉了鈕釦、拉鍊脫勾與縫線開花的衣服，把慈善機構當成垃圾掩埋場。Goodwill管理階層在二〇〇二年向《華盛頓郵報》抱怨，該年度單是把沒有利用價值的爛衣服清出來就花了五十萬美元，其中包括髒到沒辦法再轉手賣出的衣服。為了減輕慈善機構代替我們處理這些垃圾的負擔，美國聯邦政府在二〇〇六年通過法令，限制只有再使用價值的捐贈物品才具有申請退稅的資格。

我每年都會花五十美元買冬天穿的靴子（對我而言這是一筆不小的開銷），但這些靴子在冬天結束時就磨到快要報廢，其中一雙長靴的表皮爛到點點斑駁、坑坑疤疤，鞋後跟也磨爛了，膝蓋處也磨到高低不齊，美國修鞋協會會長里納爾迪（Don Rinaldi）語重心長地說：「消費者應該知道用什麼價格買來的鞋子是無法耐穿的，這種鞋子連縫合都做得不紮實，鞋底很可能是用熱融膠做的。」里納爾迪率領協會向美國人宣導逐漸失傳的修鞋工藝，塑膠材質的鞋底屬於無法修復的類別，他說，我買的那些平價靴子注定只能當成消耗品。

在七〇年代每天穿球鞋出門是一種流行，但球鞋底的材質不容易修復，隨著鞋子價格不斷下降（美國人穿的球鞋約百分之十五是中國製造），消費者寧可買新球鞋也不願意修鞋底，里納爾迪說：「消費者會想，如果花六十美元可以買一雙新球鞋，為何要花五十美元修鞋呢？」修鞋業在六〇年代很興盛，當時全美約有六萬名專業修鞋師傅。里納爾迪說，此後快速下滑少了近九成，連他的孩子都不願意從事這個行業：「流行趨勢改變太快了，我女兒這一輩的年輕人不會想穿去年的鞋款，每年暑假外出逛街後她們就會買新款式的鞋子回家，我們的社會現在已經變成這麼一回事了。」

不論是過去或現在，全美貿易公司都會設法在眾多穿爛的鞋子與弄髒的衣服中找出具有價值的商品，也就是所謂古典風的衣服。其實不讓人意外，某些價值最高的二手服飾都是在大企業踏進時尚產業之前生產的。當我從全美貿易公司廠房角落邊的硬紙箱中挑出幾件絲質洋裝、彩色領巾與寬版皮質腰帶時，史塔賓得意洋洋地說：「布魯克林大街上半數人都是類似裝扮，如果妳去社區內的復古時裝店，很可能買到他們向我們進貨的服飾。」

二手衣服越來越沒價值，回收商只能從中找出非常少量的古典服飾賺取利潤，史塔賓坦言：「這些古典服飾是支撐二手衣回收商營運的少數幾個關鍵。」美國人愛上了復古風潮，我也喜歡到布魯克林充滿驚喜的復古服飾店閒逛，追尋要價四百美元、四〇年代的兩截式泳裝，或是開價更高、可遇不可求的七〇年代厚底靴。然而，這種復古服飾風潮也只是流行於九〇年代。

我們無法回到九〇年代生產更多古典服飾，供不應求的結果就是售價越來越高，二手衣回收商也會提高這類衣服的售價，才能抵銷處理其他二手服飾的損失，帕本認為這是很典型供需原理造成的結果。古典服飾就像知名設計師的作品一樣少得可憐，也成為富人追尋的目標，一般消費者就更無法負擔。

貝雷克特是布魯克林戶外跳蚤市場的古典服飾業者，她說二手衣回收商一直抬高售價，她若想用合理價格轉售給消費者就不容易了：「如果洋裝報價五十美元，我可能就買不下手了，因為這表示我在跳蚤市場賣給客戶的售價是一百五十美元。」既然紐約市的古典服飾供貨越來越少，她開始向中西部的二手衣回收商採購。

貝雷克特採取其他措施因應過度競爭的古典服飾。她用買斷的方式引進成本較低、八〇到九〇年代的服飾，再做一些改變提高附加價值。她把八〇年代的亮片禮服改裝成兩截式的中空裝，把伊夫聖羅蘭花格子夾克的拉鍊換成鈕釦，或是把洋裝的下擺往內摺縮減成短版。她稱這種改造過的服飾是再生的復古風，由於客戶的反應熱烈，此類服飾的營收約佔總收入的七成。貝雷克特說：「我買的衣服都具有再開發的潛力，需要再修改才能變成一件體面的衣服。只要布料和衣服上的圖樣能夠讓人看上眼，就開始動手改造吧！」

古典服飾意味著思古情懷與錯過不再的心理，背後帶有「他們不再像以往一樣生產衣服」的反叛心態，讓人更想擁有一件成衣產業興盛時期的成品。在大眾時尚連鎖服飾店年代之前的衣服，似乎作工精緻也獨具匠心。貝雷克特拍打整理掛在更衣室的再生復古式皮衣、七〇年代設計風格的洋裝，以及五〇年代常見的居家服，她若有所思地告訴我：「現在的衣服不再注重細節，以前的衣服會有打褶、側邊拉鍊、好玩的扣件與鈕釦。我們忘了以前的人是買回布料再請裁縫師量身訂做，這樣的衣服才能符合不同的體型。」

一件衣服的旅行

捐贈出來的衣服大都都無法成為復古服飾店的商品，但是有機會賣到國外成為汽車座椅的填充物，或是工業用的擦拭布。挑出價值較高的古典服飾，把廢棄衣服賣給纖維業者或抹布製造商，其餘衣服會被壓縮成立方體封膜打包，轉賣給其他國家的二手衣回收商。美國二手衣回收產業從量產的成衣廠出現後，一直是出口導向。據估算，二手服飾現在是美國外銷最大宗的商品，大部份銷往撒哈拉以南的非洲國家。坦尚尼亞和肯亞人用「密通巴」（mitumba）一詞稱呼二手服飾，原意是成捆打包好的立方體，表示這些封在壓縮薄膜內的二手服飾剛從貨櫃中運出來的樣子，就跟我在全美貿易公司或救世軍捐贈中心看到的立方體一樣。尚比亞稱二手服飾是「薩洛拉」（salaula），字面上的意義可以翻譯成：以明察秋毫的方式從一大堆東西裡挑出來。這兩個當地用語的弦外之音，暗示非洲當地的二手衣回收商只能靠肉眼觀察，根據表面外觀挑選他們想買的立方體。一旦確定買主後，被買下的立方體會當場拆封分解，讓買家像尋寶一樣從中挑出價值比較高的二手衣服。

我要再次說明，儘管很多美國人幻想有一批貧窮、物資不豐裕的非洲人，會樂於接收我們穿過甚至是穿破的衣服。但事實是，非洲的二手成衣市場相當獨特，特別喜歡追求高品質與前衛的服飾。帕本說，由於網路和行動電話無遠弗屆的影響，非洲人對時尚的敏銳度在近幾年急遽增加。能在那邊賣得動的商品已經徹底改變了，現在運往非洲的二手服飾需要更仔細按照款式、品牌、外觀品質和耐穿程度分類，英國記者席格樂發現馬利（Mali）流行寬腰帶、七分袖長的男性大衣外套，十多歲的少女則偏好亮粉紅色的襯衫，和褲管開口像喇叭一樣的牛仔褲。

運往非洲的二手服飾品質主要取決於美國二手衣回收商的分檢工作夠不夠精細，帕本說：「由於交易條件是出貨前先付款，因此非洲買主是用賭博的心態買下一貨櫃的二手服飾。他們有可能在打開貨櫃後才發現，裡面裝的根本是派不上用場的爛貨。」帕本認為，中西部紡織在替買方分擔風險的工作上做得很徹底，會用嚴謹的方法分類挑出要運往非洲的服飾。

其他二手衣回收商不見得有這樣的職業道德，有些商人會把不適合再穿的二手服飾塞在立方體的內部，好像是把非洲國家當成傾倒垃圾的市場。由於在美國交易和捐贈的成衣品質開始走下坡，抵達非洲的服飾極可能只是破布一團。根據席格樂的報導，非洲二手服飾的買主越來越容易買到拉鍊壞掉、褪色、薄到隨便就會弄髒或被染色的衣服。但隨著非洲人的所得逐漸增加，他們也會越來越懂得品味，更別提還有從中國進口的平價新衣服淹沒整個非洲大陸，可是美國高品質成衣的供應量卻在這時日益稀少，可以想見，將來勢必無法繼續把非洲當成美國成衣市場過度消費後的歸宿。該怎麼辦呢？

前不久的某個星期六清晨，我前往昆西街的救世軍慈善二手商店，想要買件古典風格的大衣外套，希望能在舊衣服中找到它們與生俱來的品質和手藝。救世軍在此地的倉庫大概有一座停機坪大。那天是一個寂靜的星期六清晨，我想要搶在其他人還沒睡醒前捷足先登。我找到幾件義大利和美國製，有大片內襯、混羊毛材質的大衣外套，上頭還有布料覆蓋的漂亮鈕釦，只可惜這幾件跟我的造型風格不太搭。

當我轉身翻找女用上衣時，看見一位穿著救世軍背心的工作人員輕巧地從我身邊經過，一開始我以為她會走到貨架那邊，把試穿過的衣服整理好再掛回去，但其實她是把那些衣服直接收掉。她檢視每件衣服上不同顏色的價格標籤，茂伊說這是讓工作人員區分試穿過的衣服在貨架上已經擺幾星期的做法，然後把放得比較久又還沒賣掉的衣服當成壞掉的雞蛋一樣挑出來，放進一個巨大的灰色置物箱，也就是我在捐贈中心樓上參觀二手衣分類區時所看到的那種置物箱。我心想再過不久，這些廢棄衣服如果沒有被支解成碎片，就會搭上前往國外的商船。

Chapter 06

裁縫是一門好職業

阿塔葛西亞（Alta Gracia）成衣廠位於多明尼加首都聖多明哥市北部，綿延山丘地帶的一個小村落，每天開工時間很早，我在清晨七點半迎著晨曦抵達佔地遼闊的廠房時，已經聽到震耳欲聾的巴恰塔舞曲（Bachata），一百零七位縫紉工早就開始製作襯衫。他們當中有男有女、有老有少都坐在六條生產線，每台縫紉機只負責襯衫的一部份就轉交給他人接手。生產線右邊有幾位負責剪裁的工人，用電動刀切割二十呎長的厚重纖維布料，生產線左邊有五顏六色已包好裝箱，準備送上貨架的成品襯衫。

領班的工頭是一頭捲髮、和藹可親的桑契斯（Julio C. Sanchez）。他問我：「妳有縫紉經驗嗎？」就某種程度而言我當然有，我從高中殘存的記憶中拼出一句西班牙文：「一點點。」桑契斯接著說：「那好。這個工作就像是拼圖……」此時我才明白他的意思是：你有沒有縫製整件衣服的經驗。對我這個世代的多數美國人，這個問題的答案當然是：怎麼可能。我用過針線縫鈕釦，高中時曾經用母親的縫紉機把碎花布縫到牛仔褲，就這麼多了。

我跟著桑契斯走到工廠後面，那裡有四分之一的縫紉機閒置著。桑契斯走到一台看似嵌在白色塑膠桌上，像極吐司麵包的縫紉機前坐下。那台縫紉機有四個突出的旋鈕，四根紅色主軸上都裝滿紗線，他拿兩塊咖啡色的碎布放在縫紉機上，用腳踩動踏板，一下子就車出一條筆直的縫線。換我上場了，他用西班牙語要我把腳舉起來，我把車針下固定布料的小鐵片提起，他接著喊：「開始！」我就踩動踏板讓車針像脫韁野馬上下縫紉，同時快速推動手中的碎布，最後縫出來的車線歪七扭八像是卡通人物揪在一起的眉毛。

我抬頭很不好意思地望向桑契斯，他一定沒有看過這麼差勁的車工。他的手輕輕地往下比了比，示意我壓鐵片的力量要輕一點，然後牽著我的手在碎布上再示範一次。

我很好奇，自己是不是桑契斯見過最不受教的學徒，他說：「放心好了，輪不到妳。有些人在我跟他們說『把腳舉起來』的時候，還真的把自己的腳舉起來。」他把膝蓋舉到半天高示範，一邊笑著催促我到走到側縫機，我學會如何把標籤（上面寫著百分之百純棉）縫在襯衫，之後再以四台機器完成四道車工，這時我才曉得自己不是在縫碎布，他要我縫出真正的襯衫，兩件紅色、兩件咖啡色，都鑲了紅色滾邊。

一件普通的男性襯衫在該成衣廠是由十四個人分工，經過各種不同的機器（包括一台把品牌商標從透明塑膠膜壓印在領子後的熱轉印機）才會完成。當衣服的量產規模夠大時，這種生產流程會很有效率，也可以很快找出問題的源頭，譬如：當右邊袖子的縫線與肩膀縫線對不起來，負責第十一號機台的員工就必須解釋。這種模組化的生產方式也會造成不小的競爭壓力，如果有位員工慢下來或技術不純熟，整個工作就會延宕。

我縫製的襯衫並不在原先的生產線內，桑契斯訓練我的方式就像對待沒有經驗的新手，讓我從頭到尾獨自完成整件襯衫的縫紉工作。學會控制縫紉機的踏板，不再讓布料從手中飛出去之後，我開始有點樂在其中了。「瞧，妳的表現越來越上軌道了。」桑契斯讚揚我：「如果每個人的學習速度都跟妳一樣就好了。」儘管如此，我還是這家成衣廠裡最笨手笨腳的。過了四小時後，員工紛紛離席用餐，此時他們已經完成每天一千三百件目標的一半，而我那四件襯衫連袖子都還沒縫上去。

阿塔葛西亞是很特別的成衣廠，除了歡迎媒體與勞權團體前去參觀，也是我在美國境外看到唯一成立工會的成衣廠。他們有一套處理員工不滿並改善工作場所的流程，管理階層會和縫紉工齊心協力設法讓成衣廠變得更好，每個人都有權力對成衣廠的營運方式發表意見，就連廠內擴音器要播放哪個廣播頻道也不例外。早上由基督教員工選擇要收聽的頻道，下午則由其他非教徒的員工決定。

實際營運阿塔葛西亞的是位於美國南卡羅來納州的奈特服飾（Knight Apparel），該公司是生產大專院校校服的領導品牌，從選擇設廠到動工，都嚴加控管阿塔葛西亞的生產環節，包括要採購哪種款式的座椅，如何測試求職者的敏捷度。在阿塔葛西亞內組織工會也受到奈特服飾認可，甚至同意勞工權益聯盟（WRC）每天派人到工廠檢驗是否遵行勞動標準。只要有人監控就不容易出亂，阿塔葛西亞似乎是非常優良的工作場所。

卡斯特羅（Gemma Castro）是阿塔葛西亞的生產經理，她從一九九四年就從事成衣業，從女性內衣工廠做起，之後做過嬰兒服飾和童裝，也待過替GAP、Old Navy代工T恤的成衣廠，之後在多明尼加最大民營企業Grupo M工作，供貨對象涵蓋美國主要品牌。

我利用午休時間問卡斯特羅，她老東家的客戶有可能向阿塔葛西亞下訂單嗎？她沉默一會兒後笑著說：「不太可能，我們是非常特別的成衣廠。」根據她多年的經驗，不論是向哪個國家外包生產線，知名品牌服飾業者一定會遵守勞工安全與職場環境的規範，並達到當地法定最低薪資標準。卡斯特羅說：「我待過的成衣廠都會以國家制訂的法令規範為基準，不過對大多數國家而言，法定最低薪資並不足以讓員工享有體面的生活。」

想知道幫我們生產衣服的國外員工領多少錢嗎？先去看衣服上生產國別的標籤，然後只要上網搜尋該國的法定最低薪資就可以知道答案了。除了強制必須給付的加班費外，幾乎沒有任何品牌服飾業者會主動提供比法定最低薪資還高的待遇，這一點讓阿塔葛西亞變得與眾不同，因為它是開發中國家唯一讓員工領到當地法定最低薪資的三倍半，相當於二．八三美元時薪或約五百美元月薪。

阿塔葛西亞的薪資通常被稱做生活工資，是資方和勞工權益聯盟共同協商的結果。雖然生活工資的定義略有出入，不過大家都同意生活工資必須高於一般家庭的基本開銷，除了衣服食物、水電瓦斯、房租或房貸、醫療保險、交通費用、教育與托育的花費外，還要加上儲蓄基金與非經常性開銷，具體數字會隨每個國家生活水準的差異而有所不同。生活工資不但不會低到讓員工為求溫飽而必須賣命工作，也是出口導向的成衣廠常見做法。

血汗工廠始作俑者

初次拜會成衣產業發展公司的瓦德時，他對於成衣工的看法讓我難以忘懷：「裁縫應該是一份待遇優渥的工作，應該是一份令人稱羨的工作。」每一位曾經縫過東西的人都可以見證，縫紉工作絕對不是隨隨便便的人做得來的，而縫製衣服也不見得就注定是苦差事。縫製衣服的過程可以說是從無聊厭煩到享受單純的喜悅都有，取決於工時有多長、成果是什麼，以及報酬有多少。現在的美國人會把裁縫工作和血汗工廠、人間悲劇聯想在一起，可是過去並非如此。

一九〇九年有兩萬名紐約市的成衣工集體罷工，爭取合理的待遇也要求改善工作環境，其中有很多是十多歲的青少女。根據美國勞工聯合會暨產業工會聯合會（AFL-CIO）的紀錄，當時成衣工一天工作十三小時、沒有休假，一周只能賺六美元。結果有些罷工者被毒打一頓送進監獄，有些甚至遭到槍擊。罷工者當中有人來自被詛咒的三角成衣廠，一家專門生產隨處可見，兼具高領、寬袖、束腰三種特徵的女裝襯衫成衣廠。

大罷工後兩年，三角女裝廠發生慘絕人寰的火災。這場大火燒得全美國人都義憤填膺，共計有四十萬人出席在紐約舉行的罹難者追悼會，也成為迅速且廣泛改造美國社會的催化劑。紐約州政府率先成立工安調查委員會，其他三十幾個州政府也在兩年內通過各項職場安全與勞工就業的相關法案。時任委員會會長的華格納（Robert Wagner）推動社會安全法、國家勞動關係法與新政時期的各項立法。另一位委員會成員珀金斯（Francis Perkins）之後在小羅斯福總統任內擔任勞工部部長，制訂每周工時四十小時、法定最低薪資與加班費等相關法案。

勞工經過二十多年的努力後，勞工部的女性勞工局在一九三八年拍了一支名為「衣服是怎麼來的？」宣導短片，讓民眾知道成衣業改善工作環境的成果。據推測，短片是在紐約市一家大規模的成衣廠內取景，旁白說著：「成衣廠的女性員工現在都獲得不錯的待遇。」接著畫面出現女工與管理階層坐在一起爭論，該在洋裝的腰帶上縫上多少比率的珍珠鈕釦，之後有一位仲裁者出面檢視洋裝外觀，替雙方敲定彼此都能接受的比率；鏡頭轉到一位典型好萊塢美女，穿一件絲質披風並戴著華麗的帽子，此時一行字幕躍上畫面，寫著：「很高興看見女性在追求時尚之際，成衣業也已經從血汗工廠的薪資完成轉型。」

到了六〇年代，美國許多城市都可以看見高度發展的成衣產業，加州大學柏克萊分校勞工中心副主任關少蘭把這個時期的產業稱做「會員制市場」（closed market），意指無論品牌業者、成衣廠或是中間商，只要沒有加入產業公會就無法在成衣界立足，她說：「公會要求品牌業者只向屬於公會的成衣廠進貨，加入公會的成衣廠也只能將產品賣給加入公會的品牌業者。不論是在紐約、波士頓還是芝加哥，只要不是公會成員就休想做成任何一筆生意。」此時成衣業的員工已經有能力向資方要求提高保障年薪，並附加醫療保險、退休金給付，與給薪假等各項福利。

相較之下，現在成衣工的處境讓人歔欷。經濟發展全球化卻沒有把已開發國家的勞動保障法規一併全球化，引發全球各地員工展開一場自相殘殺的競爭。隨著美國成衣工會在二十世紀下半葉逐漸式微，成衣廠也失去向品牌服飾業者協商的能力，導致這個行業的工資水準下滑。

克拉克大學國際研究中心主任羅斯（Robert Ross）表示，服飾業經過整併後產生許多規模大又具有談判優勢的企業體，將成衣工推向相當不利的處境，他說：「現在大概只剩下八到十家大型連鎖品牌服飾業者，此外就是折扣量販業者的影響力。他們採購數量相當於七成成衣批發市場的規模，如果沃爾瑪找一家成衣廠買T恤，基本上他們有能力把該成衣廠一整年的產量買下來，這就會讓他們取得非常強勢的談判地位。」羅斯認為，對照七〇、八〇年代最有購買力的買家，其下單量最多也不過幾十萬件，只能吃下極小部份的成衣市場，但現在只要碰到工會要求加薪，知名品牌服飾業者就將訂單轉給海外代工廠，還要求對方若日後想要得到訂單就要逐年降低報價，有時甚至以一季為單位要求降價。

品牌服飾業者只專注設計與行銷，不經營成衣廠也不生產衣服，所以能規避任何法規。二〇〇九年聯邦法院判決沃爾瑪不需對供貨成衣廠的惡劣工作環境負擔法律責任，因為成衣廠的員工不是沃爾瑪的員工。H&M在官網上一支關於企業社會責任的影片也表達類似態度，該公司的企業社會責任經理修爾斯敦（Ingrid Schullström）表示：「依法論法，我們沒有義務替供貨商的就業環境負責，不過就道德與企業價值觀而言，我們認為自己有責任關注衣服的生產過程。」品牌服飾業者很喜歡強調自己沒有義務監控成衣廠，會加以關注也是發自善念。

很多品牌業者沒有自己的成衣廠，但是生產的衣服確實是品牌業者的資產，品牌業者要求限期完成與壓低報價的壓力，當然會導致成衣廠的工作環境惡化，消費大眾自然不會認同他們鑽法律漏洞、輕鬆規避責任。在孟加拉有很多成衣廠位在老舊危樓中，管理階層也忽視消防設施，而美國人購買的衣服很多來自這些成衣廠。二〇〇二年一家位於達卡替印地紡（Inditex）生產嬰兒服裝的成衣廠崩塌，造成六十四死、七十多人傷的工安意外，ZARA正是印地紡旗下的品牌之一。二〇一〇年，達卡北方替GAP代工的Ha-Meen Group成衣廠發生火災，導致二十七名員工罹難，另一家位於加濟布爾（Gazipur）替H&M代工羊毛衫的Garib &

Garib Newaj成衣廠也在同年發生火警，共有二十一人罹難。晚上九點該廠發生火災，照理這時員工應該已經下班。諷刺的是，H&M在前一年度才稽核過這家成衣廠。H&M告訴記者：「去年稽核時我們發現有兩支過期的滅火器，不過當下就要求改正。」又表示，二〇〇九年十月稽核時看到該廠不但有逃生設備，也有明確標示逃生路徑，之後經過調查才發現，原來成衣廠的警衛不會使用滅火器。

工人只能住貧民窟？

成衣廠、品牌業者與消費者之間的物質條件與文化差異，二十多年來不斷受到媒體關注。脫口秀主持人李姬佛（Kaithe Lee Gifford）透過沃爾瑪銷售的服飾，居然是宏都拉斯童工生產的。這件醜聞在一九九六年被披露後讓她成為全球抵制的對象。二十多家美國服飾業者在九〇年代末期被集體控訴，因為他們在介於菲律賓與夏威夷之間的塞班島壓榨勞工，還在衣服標籤上寫著「美國製造」。塞班島血汗成衣廠的供貨對象，幾乎包括所有九〇年代美國的大型零售業者。

上個世紀結束前，一場自六〇年代以來規模最大，對抗血汗工廠的示威活動在美國各大專院校展開，批評跨國企業以自由貿易為名，行壓榨外勞之實，被點名的品牌包括GAP、耐吉。我的母校雪城大學的學生也以高標準檢視校服、系服的生產者是否提供良好的工作環境。

品牌服飾業者一旦被指控壓榨勞工，不僅會傷害公司形象，也將損及企業獲利。為了化解消費者、示威人士與宗教團體日漸增溫的負面觀感、抵制活動和自主性調查，大型品牌服飾業者會擬定行為準則（codes of conduct）作為回應。行為準則基本上是由西方世界知名品牌業者，條列出有關勞動人權、職場健康，與工安、薪資水準和加班費等幾項大原則，要求國外協力廠商據以執行。現在幾乎每家大型品牌服飾業者都會在網站上設計社會責任的頁面，向社會大眾公告該公司所設定的行為準則，並聘請外部稽核團隊監督成衣廠是否確實執行。耐吉在二〇〇九年公佈的企業責任報告書提到，該公司聘請的稽核團隊走訪耐吉六百多家協力廠的平均次數是一．七七次，沃爾瑪在二〇一〇年公佈的則是每年稽核協力廠商超過八千項，H＆M在二〇一〇年提到由七十六人組成稽核團隊，對一千九百多家協力廠進行稽核。

不過二〇〇六年一篇刊在《時尚行銷與管理》期刊的文章指出，快速時尚業者對供應鏈的真正影響力為何，快速時尚業者越來越急著要協力廠商交貨的壓力，會讓這些企業倫理的議題陷入被高度忽略的風險中。一位曾經在成衣界待過，並擔任一家全美知名品牌服飾設計師的朋友告訴我，由於業者彼此之間的競爭是如此激烈，超時工作已經成為成衣界不得不然的必要之惡。她說：「很多品牌業者會直接告訴成衣廠：反正就讓員工用星期假日繼續趕工。我在辦公室也經常聽到有人說：不管你用什麼方法，總之要把訂單搞定，準時裝船交貨。」

記者法蘭克在二〇〇八年四月號《華盛頓月刊》提到自己過去幫私人企業從事稽核的經驗，當時委託他的客戶包括沃爾瑪和耐吉。法蘭克認為，所謂社會責任對於沒有真心要執行的企業來講，不過就是敷衍了事的表面文章：事先告知協力廠準備接受稽核，甚至故意讓無法通過考核的成衣廠趕完訂單後，再隨便找個缺失理由中止合作關係。恐怕沒有比這種做法更不道德的。以沃爾瑪為例，他們預先公告稽核的比率佔四分之三，法蘭克認為自己監管自己的做法根本沒有意義，只有對以道德價值為前提尋找外包公司的企業才會有效。

我在孟加拉達卡造訪位於喀爾珊特區（Gulshan Circle）內，公認最具社會責任的成衣廠DSL（Direct Sportswear Limited）。DSL是兩層樓建築的大型成衣廠，老闆卡必爾雇用好幾百位員工替美國知名品牌代工，其中一位大客戶是耐吉的副牌安普洛。

法蘭克在文章中提到，耐吉從九〇年代開始就重視協力廠應負的責任，發包前會無預警稽核協力廠有無合乎規範，並且以長期合作的誘因要求協力廠改善工作環境，並向消費者公佈協力廠的名稱與地址。DSL的員工以女性為主，這群包裹深橘色印度傳統紗麗的女工負責縫紉、修剪與包裝藍色運動褲，待遇較好的男性員工負責裁剪和熨燙。翻譯成孟加拉語的行為準則，就釘在廠房的入口處，廠房內到處可見特別大的指示牌標記滅火器、警報器的位置，不過奇怪的是，指示牌上只有英文。廠房頂樓有一間福利社，設有幾排野餐桌面對車水馬龍的街道。卡必爾帶我去看頂樓的兒童遊樂區與就診室，前者是由玻璃搭建的空空蕩蕩立方體，後者是比較小的玻璃立方體，裡面擺了桌子還有一面劃上紅色十字的白色布簾。我不確定這兩個空間有沒有人使用，或者說能不能發揮作用，不過很明顯是為了讓我這種來自西方世界的訪客，感受DSL尋求進步的成果。

卡必爾在廠區的規劃，是為了標榜已達到相關規範，這是和西方知名品牌業者建立合作關係的必備條件。我問他，對於這些必備的改善措施有什麼看法，他回答：「很好啊，這些是應該做的。我們現在覺得公司對員工越來越好，這也會讓我們感到欣慰。」儘管協力廠願意花錢改善設備以符合品牌業者的標準，不過他們的善念還是有一條界線。現在有很多公司要求協力廠商自費接受稽核，特別是當協力廠商過去有違反行為準則的不良紀錄時。英國勞工權益組織「商標背後勞工聯盟」（Labour Behind the Label）在二〇〇九年的報告指出，品牌服飾業者一方面要求協力廠商付給員工更高薪水，另一方面卻沒有提高他們的採購預算，使得獲利有限的協力廠商還要增加人事成本。卡必爾同意這一點：「品牌業者要我們調降報價，又要我們提高員工待遇、改善設備，和他們做生意真的很吃力。」

成衣製造專家蕾德在安泰勒的協力廠工作過，當品牌服飾業者把大量的生產工作移到美國境外時，她也在九〇年代走遍世界各地的成衣廠。她說，從來沒看過員工被鍊在機器設備旁邊的畫面，不過她對於早年成衣廠髒亂燥熱的環境印象深刻，而且員工的薪資冊要不是記得亂七八糟就是沒有記錄，而且消防設施形同虛設。她回憶：「那時候的成衣廠真的令人做噁。」製鞋廠的問題尤其嚴重，因為員工在鞣製皮革的過程很容易吸入有毒的化學物質。

隨著外包生產模式運作幾年之後，蕾德也看見協力廠商在員工健康、職場安全的改善。現在很多設在孟加拉和中國的成衣廠都很乾淨，甚至「看起特別重視衛生環境，」蕾德說：「符合規範的要求一開始被大家當成笑話，幾年後，這些觀念已經根植人心。」我造訪孟加拉和中國成衣廠後發現，它們的確變得比較乾淨比較現代化，有關消防與工安的規範也逐漸追上洛杉磯成衣廠的標準。這兩個國家的成衣廠都在不久前翻新改建，廠區內規劃完善、照明充足，清潔的地面清楚標示逃生通道和消防設備的位置。我會在午餐時間參觀中國成衣廠，他們的員工作息就像時鐘般規律，時間一到就會關掉電燈起身離座，魚貫前往餐廳用膳。由於這個場景在我參觀過的每家中國成衣廠都毫無例外地上演，讓我覺得排隊用餐這回事似乎是一場戲。

我在中國看見的很可能是樣板成衣廠，而訂單很有可能轉給集團內其他地下成衣廠。有一份統計數據估算，九成九的中國成衣廠都會將訂單轉給下包廠，意味著西方買家不會接觸到下包業者。下包廠的薪資水準更低，也常以加班趕工的方式縮短交期並壓低報價。中國協力廠商找下包廠的理由，就跟品牌業者到國外找外包協力廠一樣：降低開銷以便保有競爭力。

就算不符合西方世界的社會規範，就算不是光鮮亮麗的示範工廠，就算沒有玻璃隔出的就診室，僅提供法定最低薪資已在大多數國家成為合法。多明尼加自由貿易區的每月法定最低薪資不到一百五十美元，阿塔葛西亞成衣廠員工庫琪說，她之前待的成衣廠付給的法定最低薪資，還不足以讓她張羅四個小孩每周的飲食。符合社會規範的成衣廠員工不一定賺比較多，甚至比血汗工廠員工賺更少，因為相關規範讓他們工作時數受限，也不能用超時工作的方式賺取加班費，譬如美泰兒（Mattel）的中國協力廠被認為比較清潔也重視工安，但是該廠員工領的薪資比血汗工廠的員工少。

孟加拉重新檢討法定最低薪資的聲浪在二〇一〇年浮上檯面，當年孟加拉的通貨膨脹已經失控，讓原本待遇就已經不好的成衣廠員工越來越難餬口，達卡的成衣廠工人聚在一起示威抗議，訴求將法定最低薪資調高兩倍。乍聽之下，調高兩倍似乎是大到難以想像的漲幅，但是調高兩倍後的法定最低薪資也不過是月薪七十一美元，這已經是國際勞工權利基金會認可的生活工資了。此外，包括H&M、GAP、沃爾瑪和李維等在孟加拉委外生產的業者，聯名請孟加拉政府逐年調高法定最低薪資，聲名上寫著：「孟加拉目前法定最低薪資的水準低於世界銀行設定的貧窮線，員工的收入無法支應家庭的基本開銷，得知這樣的事實確實令人難堪。」發表聯合聲名的企業並未明確指出新的最低薪資應該多少，不過H＆M的發言人表示，公司將樂於提高採購經費以協助孟加拉調高薪資水準。二〇〇九年經濟局勢險峻，孟加拉協力廠商表示有五十大品牌要他們調降報價，而H＆M就是其中之一。

孟加拉政府最後接受調高法定最低薪資的建議，但是也只調高到三千塔卡（taka）月薪，約四十三美元。技術純熟、有經驗的勞工可以賺到七十三美元月薪，跟原本調高兩倍的訴求不相上下。調薪法案原本將在二〇一〇年十一月開始生效，不過真正落實的時間卻一直變來變去，員工根本無法享受實際利益。在達卡勞工權益聯盟工作的哈山說：「管理階層之後調整薪資級距，造成大批能力好的員工莫名其妙被降級。」資方以全球經濟不景氣為由拒絕調薪，或是把員工降級並取消年資，避免用技術員工的標準給付薪水。

我本來應該和哈山碰面探討孟加拉勞工抗爭的議題，但是孟加拉那陣子活躍的勞運份子很容易被送進監獄，這樣做相當危險，所以有位勞工運動的主事者警告我千萬別在那陣子和任何人碰面。或許是上帝保佑，達卡惡劣的交通讓我們無法按計畫碰面，最後是利用深夜時間透過社群網站交換訊息。我們聊到新的薪資水準，包含二百塔卡（約三美元）的醫療補助和八百塔卡（約十一美元）的住房補貼，哈山說，八百塔卡只能負擔四成左右的租金。我曾經聽說，在孟加拉就連貧民窟的租金也要價二千到三千塔卡（約二十六到三十九美元），我問他：「難道工人都住在貧民窟嗎？」我的意思是，達卡周遭充斥非法與破爛的住宅，沒水沒電更別提現代化設施，哈山回覆：「對！大都住在貧民窟，或更惡劣的環境。」

根據孟加拉非政府組織女權運動推廣中心（Center for Women's Initiative）的資料，每人每月的伙食費一千四百塔卡（約十九美元）。孟加拉很多成衣工的薪水是維繫家庭生計的唯一經濟來源，換句話說，新的法定最低薪資幾乎全數拿去購買食物。我問哈山，對於耐吉張貼在DSL成衣廠牆壁上的行為準則有什麼看法，「喔，那個海報還不錯啦！挺適合用來做裝飾的。」他說：「如果我說他們沒有做任何改善就有失公允了，但是改變的幅度真的有限。」

之後孟加拉再度爆發示威抗議，而且這一次的行動比過去都還要激烈，哈山用不甚流利的英文寫電子郵件給我：「工人群起上街砸車、搞破壞，縱火焚燒汽車和公車。局勢演變得一發不可收拾，工業區的重要據點都被破壞，場面很混亂。」孟加拉成衣工的示威抗議直到二〇一一年都還沒有平息。

需要更多社會責任

下午五點，阿塔葛西亞成衣廠所有人拿起提包離開座位，魚貫走出工廠。此時所有模組化的生產小隊都已經完成當天的配額，就連我也都喜孜孜地完成四件T恤。有一位身型瘦長的女員工派翠西亞邀請我下班後到她家，我當然高興赴約。她家就在幾英里外的山丘上，走進她家大門時夕陽剛好下山，街上到處都是小卡車與卸下一天辛勞四處遊蕩的人。鄰居的房子又小又破舊，棟距只有短短幾英尺。派翠西亞的房子緊鄰簡陋的人行道，門口台階崩壞的情形比人行道還嚴重。

她家一盞燈的光源直接穿透兩個小房間照射在後門，打開後門往外看，彷彿就是一塊堆垃圾的空地，荒煙蔓草中堆著廢紙、煤渣與破碎的水泥塊。看到多明尼加村落的後院景致，讓我覺得美國人的住家後院足可比擬一塵不染又不自然的醫院病房。後院酪梨和其他果樹長得很茂盛，左鄰右舍的後院根本難以分界。派翠西亞送我回家時塞了幾顆壘球般碩大的熱帶水果給我，這些外觀奇特的水果讓我有點捨不得吃。

在這片長得太過茂盛的果樹中有棟青色、大小接近工具間的小房子，是派翠西亞以在阿塔葛西亞賺來的工資蓋成的新家，新家雖小但卻有顯著的改善。她和母親以及兩個五、六歲孩子住在有兩個小房間的主屋，其中一位是她妹妹的孩子。主屋比起青色的新家其實也沒大多少，沒辦法容納派翠西亞先生的家人。房子裡沒有廚房，他們在後院一間小屋子的地上挖個洞，這就是他們家的衛浴設備了。

派翠西亞之前在ＢＪ＆Ｂ成衣廠工作，也就是阿塔葛西亞的前身。該廠曾經雇用數千名員工替耐吉、銳跑（Reebok）生產棒球帽，不過之後的發展就和諸多營運失敗的故事一樣。九〇年代末期資方低工資、高產量，以及不時爆粗口傷人的作為遭員工反彈，遂組工會反制。二〇〇二年工會領袖被炒魷魚，引起跨國勞工團體及大學生聲援，他們施壓促成工會領袖復職。兩年後，員工獲得加薪、醫療保險與退休基金等福利，在全球化後的成衣產業中堪稱異數。ＢＪ＆Ｂ曾經有段時間是學生、基層員工，與美國品牌業者合作改善就業環境的典範，可是幾年後，品牌業者抽單的結果造成該廠關門的命運。

隨著ＢＪ＆Ｂ關廠，所在地愛塔格拉西亞（Altagracia）也成為一座鬼城，奈特服飾總裁霍奇（Donnie Hodge）說當時的失業率高達百分之九十五，派翠西亞的鄰居只能靠開小吃攤或賣土地度日，有些人選擇離鄉背井到外地謀生，年輕力壯者會把小孩或年邁雙親留在鎮上前往首都聖多明哥市求職，甚至有人設法前往美國。雖然派翠西亞以母親的積蓄到鬥雞場擺攤賣油炸食品攢錢，但全家人免不了過著有一頓沒一頓的日子，有一天為了醫治生病的小兒子讓她不得不把所有家當賣掉籌錢，這次打擊讓她的人生跌到谷底。

派翠西亞眼睛泛淚告訴我：「我把第一次領薪水的信封袋留下來。」新家的顏色其實就是她頭一次領到阿塔葛西亞薪水條的顏色，「有辦法買到夠吃的食物對我來說實在太重要了。」所以她第一件事就是去雜貨店大肆採買，然後在她母親家裡安裝洗衣機、吹風機、冰箱、火爐，讓全家人可以好好用餐、洗澡，之後她還規劃替孩子增建一間臥房，並打算花幾百美元買堅固的建材在住家附近蓋一棟更舒適的房子。她已經看上街道另一邊的空地了。

隔天，庫琪也邀請我到她家。庫琪是一位話匣子關不住、熱心大媽型的女性，她家在左鄰右舍間顯得特別醒目，跟她同住的除了自己的三個孩子，還有鄰居託她照顧的三個孩子。當她幫我倒果汁汽水並準備油炸芭蕉時，一隻小貓在廚房裡不安分地來回走動。庫琪的房子已經有廚房和瓦斯管線，比派翠西亞的要大多了，不過還是得四個人（包括一位十多歲的小男孩）共用一間房間。她正在房子後頭增建一間臥房，花錢時已經開始顧及物質享受，像是買沙發椅或是好看的窗簾。庫琪之前也是BJ&B的員工，關廠的消息讓她想過自己有一天會不會一無所有，她回憶當時的情形：「我曾想過，要不要把房子賣掉搬回去跟母親住，因為我陷入入不敷出的處境，就連雜貨店被我欠到拒絕再讓我賒帳。」很多阿塔葛西亞現在的員工，在工廠重新恢復運作之前都欠一屁股債。

剛到庫琪家不久，附近正在執行分區限電，我們只好秉燭夜話，她兩歲大的小孩趁機爬上桌撥弄燭火玩弄。當吵雜聲逐漸在黑暗中消失歸於平靜之際，我小心翼翼地問庫琪一個難以迴避的問題：她能否維持現在的生活，端視美國消費者要不要買阿塔葛西亞的產品，她會不會擔心有一天無以為繼？她回答：「當然會擔心。」雖然阿塔葛西亞現在的業務蒸蒸日上，但是接到的訂單規模還不足以達到損益兩平，所以還需要承接奈特服飾的轉單以增加營收。庫琪十指交握，認真地告訴我：「我有信心，一切都會越來越上軌道。」

時尚產業發展至今，除了成衣廠提供優質的工作機會，另一個最有效改善成衣廠工作環境的途徑，就是由購買產品的消費者做起。得天獨厚的阿塔葛西亞受這兩股力量的影響，因為經營者奈特服飾比大多數業者進步，不但同意員工組工會還主動邀請勞工團體入廠審視工作環境，更以生活工資為基準給薪。

從企業經營角度來看，奈特服飾的做法必須承擔非常大的風險。多明尼加才剛調高電價和法定最低薪資，霍奇估算，在當地生產T恤的成本比去亞洲生產高出百分之十，「這還不包括我們付的薪水是其他人的三倍半。坦白說，任何一家公司只要看這些數據稍加評估，就會採取跟我們一樣的做法。如果我們採用相同的價值，也不可能會這麼做。」霍奇說，除了美國學生團體持續不斷地施壓，他和奈特服飾執行長波利克（Joseph Bozich）的價值觀也是促成在此設廠的原因，「聽起來可能有點不食人間煙火，不過我和波利克對於企業責任中哪些該做、哪些不該做的觀點和其他人並不一樣。波利克幾年前生了一場大病，我第二個女兒在十多歲時因意外而過世，這些人生體驗都會改變一個人的價值觀，讓你對某些事情採取比較開放的態度，試著去做看看。」

奈特服飾比照競爭者的售價，說服消費者接受「生活工資」製作出來的產品，而且阿塔葛西亞的T恤在大學生市場中又能兼具高品質與時尚感，這一點是重視社會責任的服飾公司想要成功的基本條件。奈特服飾用其他利潤比較高的產品吸收阿塔葛西亞較高的成本，霍奇的看法是：「總不能說，就比照其他商品的毛利率，用一件標價二十八美元的衣服回收所有的生產成本。」奈特服飾反其道而行，一件T恤的零售價是十八美元，與耐吉、銳跑主打大學生市場的產品不相上下。

公平交易認證機制現在也開始擴展到時尚商品圈，提供消費者另一種方式支持給薪高於法定最低薪資的企業。位於奧克蘭的非營利機構美國公平貿易組織，在過去十年把大部份精力投注在世界各地進行公平貿易的咖啡莊園，其中包括廣受歡迎的綠山咖啡（Green Mountain Coffee）。美國公平貿易組織在二〇一〇年將觸角延伸到服飾產業和一小部份的棉花園。阿塔葛西亞和美國公平貿易組織會在衣服縫上標籤，讓消費者了解自己的購買會直接影響成衣工的生活水準。阿塔葛西亞的產品是由勞工權益聯盟認證，同時附上成衣廠演變過程的說明。

想要成為公平貿易認證的廠商，除了要遵照國際勞工標準並接受定期稽核，還必須在廠內創造可以讓員工隨時反應問題的工作環境。美國公平貿易組織發言人華格納（Stacy Wagner）說：「我們必須確保員工可以透過申訴管道抱怨或回饋意見。身為稽核單位，我們認為在確保一切事物都按規定運作的工作上，由內部員工自動呈報問題的效果不會比外部進入廠內稽核來得差。」消費者每買一件公平貿易商品認證的衣服，就要支應相當於一成成本的溢價基金，由成衣廠勞方與資方一起經營這筆共同基金，既可以作為員工績效獎金的來源，也可以當作支應員工子女教育或鋪設自來水管線等社區發展計畫。

美國公平貿易組織核發的第一張認證標籤在二〇一〇年正式縫在襯衫問世，到目前為止，基於社會責任申請取得認證的品牌業者非常有限，包括Maggie's Organics和HAE Now這兩家基本成員，《決戰時裝伸展台》第五季最受歡迎的設計師卡托（Korto Momolu）也有一條取得認證的花彩T恤系列商品。美國公平貿易組織前不久因為選擇和國際公平貿易組織（Fair Trade International）分道揚鑣而遭受批評。國際公平貿易組織的宗旨在於整合全球各地的公平貿易組織並制訂全球共通的認證機制，美國公平貿易組織則宣稱為了刺激對公平貿易的商品需求，並設法讓大型集團公司加入認證機制，所以不得不走上分手這一條路。美國公平貿易組織主席萊斯（Paul Rice）在二〇一一年十月十二日出席一場為公平貿易發聲的研討會中提到：「彼此競爭不見得是壞事……比方沃爾瑪、好市多、綠山、星巴克、班傑利（Ben & Jerry's）都陸續增加公平貿易商品的供應。」雖然還不清楚大型服飾零售業者會不會接受公平貿易的認證，不過萊斯的這一席話透露出相關計畫正在進行的訊息。

針對時尚產業對外國成衣工造成負面影響的探討，已經是個老掉牙的課題。認為這本與平價時尚有關的著作一定會涉及血汗工廠與童工的話題，可以說是再自然不過的假設。通常對於這種責難的辯解是：成衣工起碼很高興能保有一份工作，這就顯示我們對於時尚產業的倫理標準預期有多麼低，不過我們也普遍低估了潛在的改變力量。很多公司開始提供買得起又具時髦感的替代選項，只要消費者認同這些做法，不難預見後續的產業變革。霍奇承認：「我們能走多遠要看消費者願不願意買我們的產品。」他想像自己有一天必須站在阿塔葛西亞的員工面前，告訴他們這樣做行不通，想到這種畫面總是讓他焦慮到難以成眠。

為了成衣工的生活工資，消費者其實是負擔得起高一點的價格。儘管如此，調高成衣工的待遇並不代表衣服的零售價格也得跟著調升。美國境外的成衣工根本只賺取他們生產衣服零售價的百分之一而已，他們用低工資的付出讓美國品牌服飾業者享有豐厚的利潤才是實情，因此品牌服飾業者大可大幅調整成衣工的薪資，也不用將成本轉嫁給消費者。勞工權益聯盟的調查報告指出，就算成衣工的待遇調高二、三倍，美國消費者受到的衝擊會小到根本無感，韋伯斯特大學（Webster University）前勞動經濟研究專家巴林傑（Jeff Ballinger）教授曾經估算，就算耐吉替所有製鞋廠的十六萬名員工加薪一倍，也不需要調整最終的零售價格。

品牌服飾業者在過去幾十年，享受國外廉價勞力帶來的鉅額利潤，但是消費者可曾因此享受具體的利益？我們現在擁有的衣服多到穿不完，可是衣服的品質與工藝水準卻不斷下探，美國製造業不敵開發中國家的工資水準，也導致數不清工作機會的流失。要求品牌服飾業者不要再利用血汗工廠，只是遏止時尚產業繼續沉淪的其中一種做法，用更高的社會責任標準要求他們付給成衣工生活工資，是另一個可行的方法。而且調高美國境外員工薪資對美國的經濟發展也有好處，因為美國成衣業可以因此取得迫切需要的公平競爭基礎。這當然不是一蹴可幾的漫漫長路，但卻是可以達成的目標，能夠獲得利益的層面更是無遠弗屆。

Chapter 07

中國與平價時尚的盡頭

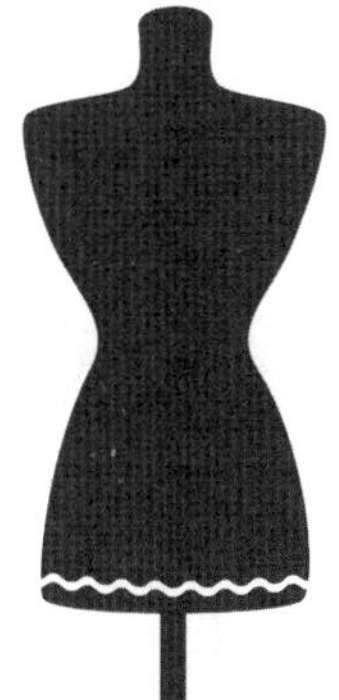

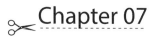

中國的成衣廠女業務莉莉把一件洋裝擺在我面前，是一件短版、緊身，右胸有朵大花的洋裝。莉莉工作的成衣廠距離香港要幾小時路程，每月可生產二萬二千件這種趕時髦的衣服。她把那件洋裝交給我時說：「這件洋裝很受歡迎，不管妳想要哪種色系，我們都可以做給妳。」這種類型的成衣廠在中國到處都是，產能大、夠先進，迫不及待想用最短的時間接單，生產大量平價又時尚的衣服。

莉莉和我在成衣廠的展示廳，架上掛滿成衣廠製作的衣服，但看起來都失去光彩、垂頭喪氣似的。有些獨立設計工作室的買主，會利用展示廳了解成衣廠風格並確認他們的製作品質，當然也有些人是藉機抄襲。莉莉拉出許多件時髦衣服供我參考，包括一件黑色、花紋褶邊短版小洋裝，上頭的馬甲鑲著黃銅色的飾釘，另一件豔紫色、直條縐褶的V領上衣，以及一件長下擺、佈滿飾釘的上衣，還有一件抓縐的草綠色洋裝，上面有條拉鍊以對角線方式劃過裙擺，另一件黑色無袖上衣用數不清的飾釘做出一個十字架圖案。

這些都是有機會在美國平價服飾店找到的款式。莉莉工作的成衣廠一個月可以量產八百萬件成衣出口，大部份都是美國平價服飾店當月特賣的主打商品，我就曾經在Forever 21看到一件亮藍色、領口有繡花的上衣，與展示廳的樣品衣完全一樣。Forever 21一開始在洛杉磯生產大部份衣服，現在除了趕時髦的服飾外，幾乎都來自於國外。我問莉莉承接平價服飾連鎖店的訂單有什麼感想，她回答：「他們在中國有業務代理商，我們只跟代理商接觸。」這種做法稀鬆平常，平價服飾連鎖店通常會透過代理人向國外成衣廠下單。莉莉接著就把那件賣給Forever 21的樣品衣拿給我，報價是一件九美元。真是漂亮的價格啊！但也納悶，所謂的仿冒品究竟是誰仿冒誰。莉莉拿出另一件小碎花洋裝說：「這件報價是十一美元。現在的生產成本上漲，不過看在我們倆的交情，我會儘量提供妳最具有競爭力的報價。」

二十年來，美國消費者已普遍接受向下沉淪的時尚風格，甚至可能還樂在其中。成衣業競爭激烈已到無以復加，只有報價最低的供應商才活得下來。根據某些中國供應商的說法，這個行業的淨利率只剩下百分之三到百分之五，買主仗著可以輕易找到替代供應商的優勢，對成衣廠退貨、取消訂單，或是下急單的情況不時發生，真正的利潤大概都被負責轉單採購的中間商吃乾抹淨了。

在中國或其他開發中國家的工廠老闆與經理人，多半會晉身成中產階級，我在中國碰到的那些人都開名車、住豪華的高樓大廈、吃高級料理。莉莉大概介於生產線作業員與經理人之間，通常住在工廠配發的宿舍裡。中國工廠老闆多半是不會講英文的男人，通常會雇用像莉莉會講英文、取英文名字、大學剛畢業的年輕女孩與西方客戶聯絡，但若是縫紉工可就是被壓榨的對象了。由於中國法律禁止成立工會，不難想像縫紉工的薪水幾乎不上漲。照這樣看起來，低成本的服飾供應在短期內似乎不虞匱乏，不過平價服飾走不下去的訊號已經所在多有了。

莉莉早上九點開車南下到我在深圳下榻的旅館接我，距離他們成衣廠大約是兩小時車程，同車的還有穿著黑色皮質賽車手夾克、合身牛仔褲、頂著小平頭的成衣廠老闆。滿臉笑容的莉莉又高又漂亮，穿著時髦的軍裝外套和一雙中國品牌的雪靴。我是在中國創業家馬雲所創立、全球最大商務網站阿里巴巴網站上找到莉莉他們的成衣廠。阿里巴巴在二〇〇七年是僅次於谷歌（Google）、全球規模第二大的首次公開發行（IPO）公司，我們可以在阿里巴巴找到各式各樣的供應商，包括承包船底油漆的工廠、賣推土機、網路攝影機或是賣假髮的公司，單單搜尋女裝供應商就可以找到超過一百萬筆資料。

找到這份名單後，我告訴對方自己是一家名叫時尚前線的公司，這家公司當然是虛構的。我用印表機製作幾張亮粉紅色的名片，上頭聯絡方式是我家地址和電話，然後從衣櫥挑出一排平價服飾作為樣品，問對方製作這些衣服的報價是多少，接著我就只能十指交扣，祈禱兩國的語言障礙可以掩飾自己胡謅的牛皮。

我透過阿里巴巴網站問過數不清的成衣廠：「你們報價多少？」這麼簡單的詢價就讓我收到蜂擁而至的回應，其中一位回覆：「謝謝你撥冗向敝公司詢價。請告知以下訊息讓我們可以提供最有利的報價給您：尺寸、圖案、設計稿、需求工法、照片（如果有的話）、印刷網版、布料等級、需求數量（每種顏色與款式各幾件）、交期。」這些專業術語我一點概念也沒有，不過對方不在意。我接觸的成衣廠幾乎都可以包辦整個成衣生產過程，甚至寄產品型錄給我，讓我依據他們準備好的設計款式下單。

我決定動身前往中國，除了衣服上的標籤告訴我有必要走一趟，全球成衣廠分佈不均也是原因之一。

我的平價衣服標籤上的產地寫著保加利亞、柬埔寨、香港、印度、印尼、以色列、菲律賓、羅馬尼亞、斯里蘭卡、泰國、土耳其、越南、寮國、澳門，除了我所居住的美洲之外，世界各大洲的國家都榜上有名，其中中國自二〇〇五年「多重纖維協議」失效之後旋即成為這個領域無法撼動的巨人。中國成衣廠銷往美國的數量從二〇〇五年呈倍數成長，現在幾乎佔美國進口成衣量的百分之四十一，在某些品項中更是一枝獨秀：居家脫鞋佔有率九成，鞋類製品佔百分之七十八，領帶佔百分之七十一，手套佔百分之五十五，洋裝大概佔五成。

中國的商品不以品質著稱，當我們看到中國製的標籤往往會嘀咕：要小心。我聽過好幾個時尚界委由中國成衣廠代工的例子，像是偷工減料、勉強拼在一起的衣服、批量生產的牛仔褲跟襪子色澤不一。這些狀況已經見怪不怪了。

洛杉磯女裝品牌卡倫凱恩負責人凱恩告訴我，他們委託中國代工生產的產品品質在最近幾年的確比較差。他們和中國代工廠合作超過二十年，當他們剛開始委外代工時只需要抽查一成的商品品質，現在卻要花時間逐一檢查中國供應商運來的產品，他說：「突然間就莫名其妙了。嚴格說，應該是從近三、四年開始，業界的遊戲規則改弦更張了。中國的生產環境開始惡化，尤其是工資往上調，可是他們還是被要求按照慣例的價格生產供貨。」成衣廠為了縮減成本，結果就拿卡倫凱恩的產品品質開刀。

撇開西歐與美國的狀況不論，中國成衣品質在技術與經驗豐富的勞力供給兩方面，還是領先其他只能供應廉價勞力的國家，因此只有中國成衣廠有辦法處理比較複雜的款式。凱恩解釋：「其他國家的產品品質難以掌握。」包括印度、孟加拉這兩個成本更低的國家，「我們曾經試過不同的供貨管道，如果要兼顧價格跟品質，中國真的還是最佳選項。」各位讀者不妨仔細看看自己的衣櫥，應該會發現T恤、運動衣這類基本款，大多數是由孟加拉、柬埔寨、越南等窮困的開發中國家生產，至於派對禮服、時髦的外套、鞋子、有花俏圖案與裝飾的上衣，也就是比較有時尚感的衣服，通常都來自中國。

中國在八〇年代也只能生產低附加價值的基本款衣服。曾在安泰勒工作的蕾德是第一批被派駐香港與上海協力成衣廠，她說：「中國曾經被戲稱為剪裁縫國家。」意思是中國在八〇年代開始開放外資，成衣廠普遍只會剪布料、裁毛邊、縫成衣這三道工法，那時候中國甚至沒辦法生產代工所需的布料，要在美國先把料子準備好再送去中國，不過現在已經不是這麼回事了，中國現在已經掌握從上游到下游完整的生產流程。」根據歐瑞康《二〇〇九至二〇一〇紡織年報》評價，中國在過去十年已經成為驅動全球紡織產業的動力，生產布料的主要原料聚酯纖維全球產量的百分之六十九。

現在只有極有限的商品是中國成衣產業做不出來的，其他的他們都能一手包辦，從採購布料裁剪、打版、必要項目的檢測、縫紉、裁邊一直到完工包裝，這樣統包的成衣廠對於快速時尚零售業者是理想的合作對象，以GAP為例，在他們試著對所有商品維持一定程度穩定的品管時，專門主打趕時效時髦商品的零售業者，可以只在布料進料上做管控，把其他繁瑣工作都交給協力成衣廠解決。

中國的工廠（在我眼見為憑之下），通常都備有最先進的機器設備與相關的軟體程式，紡織產業當然也不例外。中國在二〇一〇年採買全球百分之七十二先進的紡紗機，百分之八十四最先進的織布機，約四分之三的新型針織機。在莉莉他們工廠裡有位打扮時尚的男士默默地走進展示廳，從我手上接走一件挖肩式的無袖上衣，二十分鐘後他像是變魔術一樣，把那件衣服用蘋果電腦軟體重新畫好，讓我看套用不同顏色的效果。

在我拜訪的五家工廠中，有好幾家都有自己的設計團隊與展示廳，而且時至今日還會不時透過即時通與電子郵件，寄送最新款式衣服的高解析度照片與空白訂購單給我，而且每家都說可以馬上取貨。另一家成衣廠女業務凱蒂，某一天晚上十點在公司提供的公寓裡邊看電視邊寫電子郵件給我，除了問候我最近過得好不好，也沒忘問我有沒有下單的需求，最後還順便問我的感情生活。中國成衣廠就是有能耐把生產過程簡化，不過他們也有辦法把過程弄得很複雜，如同凱恩碰到的情況一樣；凱恩還說：「中國製造業現在的壟斷地位，特別是成衣業，讓他們有絕對權力決定要提供什麼品質給買方。買方也沒什麼反制的空間，好像吸毒上癮戒不掉一樣。」

由於一胎化政策的影響，中國從五年前開始陸續傳出嚴重的缺工問題，年輕勞動力的供給會越來越少，而且很多屬於第一代工廠移民工後代的年輕人，都希望找一份坐辦公室的工作，不想再像父母親一樣從事生產線的工作。中國成衣廠老闆、業務員與縫紉工，大都是從內陸窮困的省分移民而來，單單在廣東省就有四千萬名左右的移民工，凱蒂和工廠裡大多數員工一樣都是在湖北省長大。隨著中國物價上漲，內陸省分的工作機會越來越多，有些人開始選擇留在家鄉謀職。

中國的產業結構已經大為改觀，勞動成本增加，平均每年成長一到三成。在高級客製化男裝公司 Natsun America 兼任設計總監的吉雅迪納，就碰到山東省協力成衣廠員工流動率太高的問題。該成衣廠很多員工在農曆年返鄉，之後就在家鄉附近新開的工廠就業，不再回山東了。吉雅迪納說：「為了降低員工的流動率，現在我們付給他們的薪水是以前的兩倍。」

來自中國的商品歷經幾十年的跌價之後開始上揚。貿易公司利豐集團在二〇一一年前五個月的商品進貨成本，較前一年度成長百分之十五。凱恩說：「中國現在物價上揚的速度難以想像，可以說是世界奇觀，在中國生產已經沒有價格競爭力了。」GAP的設計師朗格洛娃（Petra Langerova）也向我表達同樣的想法：中國現在已經太貴了。

中國經濟奇蹟的源頭是在南部沿海，與香港只有一水之隔。我曾經去過廣東省由三座城市所組成的生產重鎮：廣州、東莞和深圳，彼此緊鄰在不到一百五十英里的廊帶上。廣東省也是阿里巴巴最多供應商聚集的省分，根據哈妮（Alexandra Harney）在二〇〇八年所出版《低價中國》（*The China Price*）一書的資料，廣東省共有四十萬家工廠，在深圳有三千家成衣廠，雇用人數五十萬。

有一天晚上，朋友沃夫喝啤酒時問我：「去中國之前有先安排人帶妳四處逛逛吧？」此時距離我動身前往廣東還有幾個星期。他在曼哈頓成衣區一家襪子設計公司工作，之前曾被派到中國一個叫做番禺的地方出差。我說，應該會以計程車、地鐵、公車為交通工具，然後用英文問路人該怎麼走，畢竟美國人對中國來說是重要的客戶。沃夫聽後噗嗤一笑：「妳喝掛了嗎？

真以為這樣就可以抵達目的地？妳真的要把工廠的英文名字拿給計程車司機看？」

幾天後的一個晚上，當我正在用筆電看電視節目時，番禺這個地名突然在我腦海閃了一下。番禺到底在哪裡啊？我上網搜尋，接著一陣暈眩感衝上腦門。番禺是廣東省的一座城市，更精確說，是廣東省省會廣州市境內一座人口超過一百萬的衛星城市，單單在此就有好幾家工廠等著我上門拜訪。我總算知道中國地圖上的一點是多麼大。

廣州、東莞、深圳這三個城市合起來比美國任一都會區都還要大。深圳人口數約一千四百萬，介於深圳與廣州之間的東莞超過八百萬人口，廣州人口數大約是一千三百萬。聽說廣東省總人口數超過一億，也就是把美國三分之一人口擠在密蘇里州這般大的地方。我重新規劃行程，確保這趟中國之旅有人接送。我的運氣不錯，每家工廠都願意到旅館接我，至於建議我搭火車或計程車的工廠就謝謝再聯絡了。

我隨著莉莉從旅館出發後半小時，深圳耀眼的玻璃大樓與高聳的大廈已消失無蹤，映入眼簾的只剩一望無際的工廠，至少有幾十萬家吧，櫛次鱗比地散落在高速公路兩旁。這一幕讓我想到電影《魔戒》，要花多少預算才能用電腦影像特效完成壯觀的戰爭場景，要多少次複製貼上才能把半獸人和其他武裝物種紮實地填滿整個畫面。東莞的工廠多到一眼望不完，在這條從深圳一路往北、如同動脈般的高速公路兩旁，往外延伸半英里好比是用電腦影像特效畫出來，一棟棟四方雄偉灰色建築物所組成的大軍。

中國成衣廠的規模大到嚇人，是有史以來曾經出現過的大上好幾倍，超過四萬家成衣廠，創造一千五百萬與成衣產業相關的工作機會。美國成衣產業在四十多年前曾經攀上高峰，當時創造一百四十五萬個工作機會，對比之下簡直是小巫見大巫。

中國成衣產業規模達到如此巨大，專業化分工的精細度也達到不可思議的境界。從廣東往北走，在上海附近某個沿海城市是全球最大的襪子生產基地，年產量九十億雙，不遠處的浙江省有另一個城市專門生產童裝，該地聚集大約五千家工廠生產同一個品項。還有俗稱羊毛衣城市與內衣城市，分別在高度集中發展的特區裡進行大量生產。如果你懷疑怎麼可能從衣服匱乏的世界走進被衣服淹沒的現狀，只要到中國走一趟就會讓你明白。

中國消費新勢力

飛琳商場創辦人曾經在一九三五年宣稱，工業化後全球最重要的經濟問題就是找到適合的配銷方式，把我們能生產的所有商品賣掉。這句話大約是在中國開始工業革命前五十年講的，現在中國更有能力把各種想像得到的商品，從量產到淹沒全世界。我與莉莉在前往東莞的路上玩起猜猜它生產什麼的遊戲，由我告訴她路上看到的工廠名稱，然後問她：這家公司是做什麼的？她很快告訴我：筆電、電視機、手機，衣服這個字眼偶爾會冒出來。其中有一家工廠產品的英文名稱她答不上來，只好用手指向一棟大樓屋頂的尖塔，大概是做天線的工廠吧？

中國以幾十年時間解決工廠大量生產後如何賣掉的難題：把每件東西做到非常便宜。我拜訪過的成衣廠都能讓我以單價五美元買上千件裙子，運到美國用一件二十美元賣掉（在此假設可以用直銷的方式賣掉，物流成本忽略不計），這樣就可以讓我賺上一筆。要當進口貿易商沒這麼簡單，但是不容否認，利用中國便宜又有吸引力的商品確實是致富的管道。

美國半世紀以來一直是全球最大的消費市場。美國人拚命買東西，而開發中國家，尤其是中國，則拚命生產各種商品賣給美國人。美國吞噬地球資源的程度早已超過適當比率，倒是開發中國家的節衣縮食可以稍微抵銷美國人的鋪張浪費。但現在，人口超過美國四倍的中國也感染美國人的消費習慣，意味著將會有另一支購買力高於美國四倍的消費生力軍。請想想以下情況：一支由十三億人口組成的隊伍，以等同於美國人瘋狂購物的消費力大肆採購衣服。

當我打包要去中國時，我故意挑幾件最樸素的衣服帶在身上，幻想在中國共產黨統治之下的人民連要怎樣穿的自由都沒有，我可不希望自己穿一身紐約精品時尚去那邊招搖過市。當我穿著卡其褲、帆布鞋和一件素面短袖上衣，走在深圳棕櫚樹圍繞的廣場時，身邊二十來歲、穿著及膝長靴、打扮時髦又背著別緻皮包的行人，讓我相形見絀。莉莉與凱蒂像一般社會新鮮人的時髦裝扮，比我亮眼多了。

中國在十年前還沒發展時尚產業，現在卻已走在時尚前端，擁有全世界成長最快的時尚與奢侈品市場。從二〇〇五年開始，《時尚》雜誌推出專屬中國的版本，深圳服裝協會從二〇一〇年起，每年帶領設計師前往倫敦參加時尚周，美國高檔名牌DVF（Diane von Furstenberg）更在二〇〇七年在上海設立分店。

吉雅迪納回憶二〇〇五年第一次到中國出差時，還沒多少人會開名車或穿頂級時尚衣服，但沒幾年光景，時尚已經在中國生根。我在二〇一一年春天造訪的成衣廠中，生產線的縫紉女工多半穿羽絨外套與花俏的彈力牛仔褲，男孩則穿運動套裝，還用髮膠塑成貝克漢頭，顯然縫紉工就算賺不多卻捨得花錢裝扮自己。吉雅迪納說：「中國人正在培養追求品味的能力。」

中國共產黨剛開始改革開放時，中國人的潮流趨勢以追求西方風格、購買西方名牌為主，現在當然已經不可同日而語。中國當地的時尚品牌正在挑戰消費者對舶來品的忠誠度，甚至把觸角延伸到美國市場，譬如中國女裝品牌JNBY在二〇一〇年於紐約蘇活區開了旗艦店。

中國逐漸成長的消費階級與驚人的工業產出能力，都會對地球永續發展與資源消耗帶來不少問題，吉雅迪納說：「如果中國人不分男女老少每人都買兩雙羊毛襪，這個世界大概就沒有羊毛了。妳能想像那個畫面嗎？沒錯，一定會造成資源枯竭，接著物價上漲的壓力一定會爆炸。」中國購買衣服的能力不斷成長，現在壓力已經大到足以推動布料價格上漲，特別是棉花已經供不應求，而歐瑞康有關布料的研究報告指出，目前全球棉花的產量已經逐漸逼近上限，接下來恐怕就得搶地種棉花了。

很多美國人大概已經忘了工業都市是什麼樣子：到處都是汙染，不人道又極度醜陋。就是這副德行。我在東莞看到的工廠景象讓我不斷想到，製造業若是這樣繼續下去，地球一定會完蛋。事實上，這個災難正在孕育中。以科幻電影比喻工業成長，也只能以科幻的手法才有辦法抑制工業成長。另一個讓人深感到不安的問題是：中國消費者已經習慣快速時尚的消費模式。ZARA的母公司印地紡在二〇一〇的利潤成長百分之三十二，大部份要歸功於中國市場的成長，而且這一年在中國就開了七十五家分店。一旦中國人順著快速時尚業者所期待，以消耗品的態度購買成衣，時尚界所造成的環境與社會問題會真的進入爆炸性成長。

傳奇的城市

莉莉工作的成衣廠是一棟四樓高的大型粉紅色混凝土建築，位在東莞這個工廠聚集城市中的虎門鎮。依照中國都市發展的原理，東莞是由十幾個小城市共同組成，每個小城市都擅長製造單一產品，虎門鎮的專長就是女裝。我很快就喜歡虎門鎮，它不像名字一樣嚇人，而且城鎮景觀是我熟悉的模式，和中國南方其他都市不一樣。虎門鎮的房子大都六層樓而不是六十層樓高，由小吃館與批發商場組成的市中心比較像西方常見的景象。這裡看不到小攤販，取而代之的是店家用海報促銷彈力牛仔褲、印上圖案的長袖運動衣、時髦的短袖上衣與新潮的提袋背包，蓄勢待發準備銷往中國境內每個零售點。

虎門鎮通往工廠的道路兩旁，一個又一個窄小、開放式的小貨攤，販售厚厚一捆布料與配件，有蕾絲、金屬扣件、飾釘與拉鍊。《南華早報》報導，虎門鎮在二〇〇五年服飾產值高達十億美元。

莉莉工作的成衣廠比紐約、洛杉磯的工廠大過十倍。有一群縫紉工在倉庫大小的空間裡，各自忙著手上的白色圓點背心裙和灰白相間的碎花小洋裝，另一個房間裡有幾位女工正在用四十尺長的電腦刺繡機，在布料上畫出一圈又一圈的文氏圖，另一層樓有數百件已經完工的白邊運動長褲正在裝箱，送進一個淺藍色的大型塑膠置物箱。我們快速走過一間樣品室，看到一群二十來歲的年輕人正在研究一件棕色、咖啡色方塊間隔的毛衣和深藍色的外套。當我正想著應該沒其他東西好看了吧，結果我又被帶到另一個房間，看到十幾位員工正在忙著縫製淡紅色與米白色的薄洋裝，所使用的布料似乎是用聚酯纖維做成的雪紡紗。這時莉莉催促我上車前往大量生產牛仔褲的新工廠。下午結束參觀行程後，我們在一家華麗的韓式烤肉店點了幾道菜，這家餐廳是莉莉她老闆的哥哥經營的，他也經營成衣廠。

傍晚搭計程車回深圳旅館的路上，司機居然迷路了，直到晚上我們才抵達深圳市中心。這是莉莉第一次到深圳，不久前她從大學畢業就從內陸搬到東莞。深圳有二十多棟超過六百五十英尺的大樓，看起來好像每個人都住在變形金剛裡。莉莉跟我緊靠車窗看向大樓宛如拉斯維加斯炫目的光影秀，有一棟大樓垂掛藍色閃爍的霓虹燈伴著雨滴投射在車窗上。真好看！深圳的風華讓我們兩人目不暇給。

深圳這座城市充滿傳奇，三十年前這裡不過是三萬人居住的不起眼小漁村，之後卻成為中國第一個經濟特區。從一九八〇年起利用低稅率、加工外銷用的進口貨物免稅等措施吸引外資，深圳發展的速度從此快過世界任何地區，從一九八〇到二〇〇八年平均成長率為百分之二十八。許多工廠在轉眼間興建完成，平價的衣服、電子用品、玩具，任何想像得到的商品就從深圳不斷地運往美國，因此中國把一眨眼發生的事情暱稱為「深圳速度」。深圳的發展也的確如同人們所期待的，有最先進的建築、應有盡有的購物商城，醉心於新玩意兒的年輕人手上都拿著最新款的 iPhone，現在甚至正在規劃興建深圳的中央公園。在這裡當然也可以看到星巴克、麥當勞、肯德基之類的連鎖速食店，而且深圳人特別喜歡開酷炫的跑車。

中國南方在我原本想像中是一個怪獸似的工廠世界，多的是一堆沒有靈魂的傢伙，沒頭沒腦無止境地生產讓我忍不住會去買的平價服飾。當我告訴朋友要去中國的成衣廠時，每個人都以為我即將進行一場血汗工廠巡禮，就連我自己都對更糟糕的情況做好心理準備，不過老實說，這趟旅程讓我發現當美國城市逐漸沒落之際，中國真的已經繁榮起來了。美國在二〇一〇年從中國進口總值高達三千六百五十億美元，美國經濟政策研究院估算對中貿易逆差的代價是消失二百八十萬個工作機會，相當於百分之二的就業率。

我認識一些中國年輕人，他們已不再希望到工廠工作，在深圳工作的多數年輕人也轉行從事服務業或坐辦公室工作。凱蒂在吉林取得園藝系學位，她興高采烈地用手機與我分享她在校園雪地的照片。那所學校一年學費才六百美元，還讓她有機會找到國貿業務的工作。我從中國回美國後的幾個月，凱蒂離開原本工作的成衣廠，我問她發生什麼事，「要住進那個地方實在太貴了。」她在回給我的電子郵件這樣寫著，指的是一棟我參觀過、工廠提供的員工宿舍，「而且今年的經濟很糟，訂單越來越少，勞工成本越來越高。」我擔心她的下一步，怕她在不同工廠求職時會不斷碰壁，「別擔心，我還有存款夠我找到新工作，這一次我想多花點時間找較好的工作。」幾星期後，凱蒂找到了新工作。

中國基礎建設與技術進步的速度超乎常理，從北京搭高鐵五小時內可以抵達八百一十九英里外的上海，深圳的大眾運輸系統也比紐約嘎嘎作響的地鐵先進，中國某成衣廠老闆的一句話讓我印象深刻：「你們紐約的地鐵真的很舊。」吉雅迪納搭過中國的高鐵後認為，在美國搭火車旅行是活受罪，他說：「真是丟臉，好像是在搭湯瑪士小火車。」

改變中的世界工廠

我在中國看到的第一家成衣廠，是位於虎門鎮交通要道後頭的破舊巷弄裡，這是一棟貼有黃褐色磁磚的建築。等待警衛帶我進入這棟被詛咒的建築物時，心裡想著自己彷彿是血汗工廠調查員正要去伸張正義，但進入建築物後卻發現裡頭是現代化的設備，有玻璃隔間的帷幕、藝廊用的吊燈、能抑制灰塵的薰衣草壁面。一位漂亮的女士接待我，遞給我一杯濃縮咖啡、糖果和一瓶水，她是這家成衣廠的總設計師，剛才正在縫製一件有緊身馬甲與蘇格蘭披肩的維多利亞式華麗連身長禮服，她利用空檔帶我參觀工廠。

我們登上三樓的展示廳，裡頭裝潢像是私人工作室，有人體模型、展示桌，掛在牆上的衣服按照款式與顏色分門別類，陳列精心裁剪的羊毛外套、亞麻短褲、漂亮又精緻的絲質洋裝，每一件衣服都比我的還要高檔，看起來也更前衛，非常炫麗。參觀中國成衣廠的初體驗，讓我以為置身中國服裝界的勞斯萊斯車廠。

隨後業務經理哈里遜帶我參觀他的辦公室。他在辦公桌一邊坐下，點一根香菸，拿出電子計算機。哈里遜的辦公室非常大，黑色長沙發皮椅和環繞式辦公桌放在此空間就顯得渺小。我指牆壁上香奈兒的海報：「我喜歡他們的風格。」哈里遜不好意思地笑了。我把從家裡帶去的一件黑色打褶迷你裙遞給他看，問他代工的報價多少，他揉了揉臉頰後說：「最好不要用聚酯纖維做。」他們的成衣廠在代工界已經闖出名號，生產的高階女裝可以在日本、新加坡和中國的零售店買到，想必是沒把聚酯纖維這種料子放在眼裡。「在中國有成千上萬的成衣代工廠，有些報價真的很便宜。」哈里遜進一步說明：「不過我們在乎的還是品質。我們就是靠布料和縫紉工法的高評價著稱，否則難以和其他業者競爭。」

幾天後我到凱蒂位於深圳近郊龍崗區的成衣廠參觀，在濕冷的毛毛雨中站在員工宿舍對面由水泥砌成的停車棚等她。深圳市中心的廠房土地已經被辦公室、企業總部、高級建築、餐廳、零售店所取代，連近郊地價越來越高的工業地段也開始注重美化工程。凱蒂工作的成衣廠是一棟顯眼的新建築，左右兩旁緊鄰粉紅色牆面的公寓大樓，前方街道種一排生氣盎然的棕櫚樹，看起來像是佛羅里達州規劃給有錢人退休居住的社區。

不過這些富裕的景象並不表示中國的勞工待遇與工作條件已經可以和美國相提並論，全世界的成衣工都要長時間工作卻賺不了多少錢，不需要調查也知道中國的情況好不到哪。

不論哪一種行業，中國工廠的工人都會住在宿舍，而且是六到八人住一間上下鋪的房間，這種擠沙丁魚的生活方式往往成為其他國家嘲諷的話題。中國工廠附設宿舍會成為普遍現象，一個原因是員工薪水和實際生活開銷的差距實在太大，工廠提供床鋪與衛浴設備的好處就是維持相對低廉的薪資待遇。此外，由於中國工廠的勞力幾乎來自外省分，他們也就樂於在工廠裡覓得棲身之地。凱蒂在龍崗也是住在員工宿舍，不過她住得比較好，是單獨一層的公寓。有些工廠在宿舍之外也會提供員工免費團膳，有的則會從薪水扣款。中國官方在二〇〇六年針對十七家工廠進行調查，發現其中大約半數會向員工收取住宿費與伙食費，住宿費每個月約一．五到十二．五美元，每月伙食費約九到二十一美元。

這趟中國行我沒有機會進入員工宿舍參觀，不過倒是看了不少工廠的廚房與員工餐廳。員工餐廳的伙食與用餐環境當然不值得大書特書，莉莉工作的成衣廠員工餐廳設在昏暗的大倉庫裡，擺滿一排一排長長的野餐鐵桌，廚師在磚牆後面準備大鍋菜，連一個像樣的乾淨廚房都沒有。米飯裝在一個三十加侖的大桶子裡，直接放在地上連鍋蓋都省了，十五英尺外就是大型工業用洗衣機和一堆兒童尺寸的牛仔褲。儘管如此，莉莉還是對廠方提供的服務讚不絕口，每天都在員工餐廳裡用餐。

我問凱蒂廠裡的員工一天上班幾小時，她說：超過十二小時，從早上七點四十五分上工到晚上九點三十分下班，旺季時還得加班一小時。我問她為什麼要花這麼多時間上班，她笑著回答：「因為我們需要啊！不這樣認真工作，事情哪做得完？」凱蒂把長工時當成賣點。也對，在平價、快速時尚的年代，可以不計代價排除萬難，準時把服飾送進零售店面的成衣廠，多半也是經營績效最好的。

我走訪的中國工廠不是每周工作六天，就是一個月只休一天，凱蒂工作的成衣廠才剛改採周休一天。換算下來，中國成衣廠員工每月工作時數超過法定上限一百小時。

回到紐約之後，我請凱蒂用電子郵件寄幾張員工宿舍的照片給我，我的理由是會把倫理規範納入是否下單的考量，因此想要確定代工廠員工居住環境是否符合公司標準。凱蒂當天晚上回信給我：「小事一樁，我明天就把照片寄給妳。」隔天我收到大約二十張四層樓員工宿舍的照片，凱蒂客氣地表示宿舍裡亂七八糟的，不過我倒不這麼認為。

第一張照片有兩位穿V領上衣與牛仔褲的女性，坐在明亮小房間的上下鋪之間，一邊看電視一邊用筷子大口吃麵。這張照片滿驚人的，不過卻和我的想像不同，因為看起來就和一般美國女學生的宿舍沒兩樣，堆放著化妝品、乳液、清潔劑與鍋碗瓢盆，牆上用花圖案和熱帶海灘海報裝飾。床鋪的顏色相當柔和，上面還有抱枕，一張靠牆的小長桌上有電鍋和小水槽，可以看見彈力牛仔褲、內衣、鮮豔的T恤吊在窗邊晾乾。照片裡的每個角落都看得到中國經濟越來越富裕，消費者越來越有品味。

我去中國的時間點差不多是世界秩序重新調整的時候。住在美國的人總相信不論哪一代的美國人都會擁有世界上最好的發展條件，可是現在美國的前景已經變得晦暗不明了。美國在二〇一一年的失業率超過百分之九，經濟成長率是欲振乏力的百分之二，相較之下，中國在二〇〇九年新增一千一百萬個就業機會。依賴廉價勞力營運的服飾公司，面對中國的產業變動與上揚的物價時會陷入歇斯底里。從廣東撤離的工廠可能擴散到中國其他勞力較便宜的省分，有些則打算收拾細軟，把生產線移到柬埔寨、越南、印度、孟加拉等工資更便宜的國家。

中國不再廉價

離開中國後我轉往孟加拉了解廉價勞力的實際狀況。晚上十點我降落在孟加拉首都達卡，這個已經進入夢鄉的城市還閃爍著聖誕節燈飾，慶祝他們即將舉辦的世界盃板球錦標賽。達卡是全球人口密度最高國家的第一大城，糟糕的交通我早有耳聞，不過從機場到旅館這段路倒沒花多少時間，在黑暗中迅速穿越黃包車與漫畫家筆下的綠色小計程車，也就是看起來像甲蟲一樣的鐵製三輪車。入住旅館之後，我拿出筆電想要充電，結果沒多久就跳電了。我從旅館陽台往外看，看到用鐵片與木片搭建的簡陋房屋，讓我確信自己已經離開中國了。

孟加拉是個相當窮困的國家，國內生產毛額排全球第一百五十五名，還有勞工權益與基礎建設的問題，但是孟加拉還不至於是需要憐憫的國家。達卡是很乾淨的城市，有專人清潔的人行道與漂亮花園，如果在早春去達卡，還能驗證春城無處不飛花的描述。孟加拉人以友善著稱，碰上外國人第一句想問的就是：你喜歡孟加拉嗎？他們了解自己國家在全世界上的排名，因此試圖用親善的態度改變國家的形象。

服飾零售業者前往孟加拉想充分利用當地的廉價勞力，孟加拉的成衣業也因此發展得如火如荼，全國超過三百萬人在成衣廠就業，服飾佔外銷比重高達八成，包括沃爾瑪、傑西潘尼、耐吉、迪士尼、李維、安普洛、藍哥（Wrangler）、H&M、ZARA，都和孟加拉有業務往來，此外還有不少中國的服飾公司現在也把剪裁工作外包到勞力更便宜的孟加拉加工。現在孟加拉成衣業為了處理前所未見大量湧入的訂單，居然開始面臨缺工問題。

然而，孟加拉成衣界還是瀰漫一股慵懶與隨興的氣息。我在阿里巴巴網站上接觸的對象很多都是中間商而不是成衣廠老闆，打算用分包方式處理我的訂單，而我在孟加拉接觸的業界人士似乎每人都擁有五個不一樣的工作。馬蘇德是我第一位接觸的人，很難相信他搭著黃包車到旅館找我。在達卡單單黃包車就超過四十萬輛，是當地主要的交通工具，不過經營有成的業界人士偏好和上層階級一樣開車子。

我擠進狹小的座位和馬蘇德比鄰而坐，看起來有點緊張的他穿著義大利高級服飾、皮鞋，還有一只閃閃發亮的手錶。我問他：「到你的工廠有多遠？」他回答：「買主通常不會到工廠啦，在辦公室談生意自在多了。」想一窺馬蘇德的工廠難了。這輛黃包車的司機已經上了年紀，吃力地用細長的雙腳踩動踏板，載著我們穿越巴里達拉（Baridhara）的使館區，可以看見栗子樹的花朵攀在大使館別墅外的鐵門上。達卡的外國投資越來越多，從喀爾珊特區私人道路旁鐵門內的大宅院，就可以看出當地財富累積的程度。

馬蘇德在孟加拉成衣界待了五年，自己開三間運動服工廠，之前曾經在加工出口區的韓商成衣廠工作。想到孟加拉投資製造業的外商，在加工出口區可以享有租稅優惠，裡面共有八家業者投資，不是日商就是韓商。

馬蘇德現在的事業重心是媒合達卡的外商與當地的成衣廠，其中一位大客戶是替好幾家大品牌業者處理從設計到量產流程的G-III服飾集團，另一家來自英國的大客戶是快速時尚業者新造型（New Look），由馬蘇德包辦大量的針織衫訂單，每一批量從六萬件到十萬件不等。他告訴我：「如果訂單數量大到一定程度，我們會由好幾家不同的工廠一起趕工。有的工廠忙不過來，而其他工廠則是閒置，所以我們就會用轉包的方式安排生產。」

雖然馬蘇德的客戶名單洋洋灑灑，不過他的公司實際上卻只有兩個人，在這棟改裝的三層樓公寓裡工作。越過大廳有一家小型的運動服工廠，不過並不是他經營的。我們在一間鑲木板的房間圍著一張會議桌交談，陽光穿過陽台敞開的小門灑進房內。達卡建築物的採光相當重要，因為每天都要跳電六、七次。桌子的另一頭坐著一位英俊、叼著香菸的黎巴嫩人，他也是買主，坐在我對面的是馬蘇德事業夥伴蘇庫爾。個頭不高的他頭髮梳得很高，穿著一件Polo衫，脖子上繞著一條捲尺，似乎與馬蘇德合作無間。

桌子另一頭的黎巴嫩買主告訴我，他前不久還在廣州市工作，因為在中國經商一段時間，所以能說一口流利的中文，不過他剛把業務搬到孟加拉，他說：「我現在在孟加拉重新開張，這邊的商機比中國好。中國的物價太高了，雖然孟加拉的物價也蠢蠢欲動，不過還是比中國便宜。」這位英俊的男士還說，自己常常會把H&M取消的訂單包下來，之後再轉賣到歐洲。他試著讓我了解這是一門有利可圖的生意，不過在美國從事這種平行輸入是犯法的行為。

孟加拉的紡織業是歷史悠久的行業，不過他們出口到西方世界的服飾都是T恤、運動衣、素面毛衣之類低附加價值的基本款式，這類服飾是落後國家的禁臠。當中國成衣業還受到多重纖維協議的配額限制時，孟加拉的出口產業曾經發展得有模有樣，還因此成為歐盟最大的T恤進口國。

孟加拉成衣業也想要多角化，朝更精緻、高附加價值的產品發展，不過我在馬蘇德展示室看到最時髦，或許也是孟加拉最時髦的樣品，只是一件隨處可見，在領口繞一圈飾釘的針織上衣。孟加拉大致上也是只會剪布料、裁毛邊、縫成衣的剪裁縫國家，落後中國好幾十年。

我把隨身攜帶的黑色打摺迷你裙拿出來攤平放在會議桌上，問馬蘇德採購三千件的報價是多少，他面有難色地說：「梭織廠的產能在二〇一二年都滿載了。」梭織布是一種沒有彈性的布料，在褲子、夾克、洋裝、裙子與短袖上衣相當常見，馬蘇德直接了當告訴我沒辦法在孟加拉找到梭織裙的代工廠，因為其他通路業者早就在我之前把代工廠的產能都吃下來了，除非我可以像沃爾瑪或H&M一樣下大單，或許有可能找到承包廠。

我再拿出女用針織衛生衣，告訴馬蘇德我對這類衣服也很感興趣。孟加拉的針織衣領先全球，雇用超過一百五十萬名員工，出口產值佔該國出口總額的四成以上。沒想到這一問竟讓我碰上更多麻煩。我從馬蘇德的樣品中挑出一件青色、百分之九十棉混百分之三彈性纖維布料做成的針織衫當作色澤與料子的標準，馬蘇德說：「我們可以做出很接近，但是沒辦法保證百分之百同樣顏色。」除非我先從中國或印度把布料準備好進口到孟加拉，否則就沒辦法拿到顏色一模一樣的產品。我唬人用的採購業務在一瞬間放棄了產品品質，馬蘇德把計算機挪到我眼前：針織衫一件四．八美元。他說：「既然這是妳第一次到孟加拉談生意，我會盡力提供妳最優惠的價格，下次妳就會因為我們的品質最好而再度光臨。」我把自己那件針織衛生衣留給他們打樣，一個月後收到一件有菸味，摸起來質地粗糙像是用丙烯酸原料做成的樣品，上面的標籤寫著：仿開士米羊毛。

就算有很多時尚業者從中國撤出，但他們會發現其他國家在勞力供給、基礎建設、招商政策與技術水準，都無法和中國相提並論，品質良莠則是另一個大問題。有些專門從事成衣製造的國家，如柬埔寨與多明尼加，其總人口數只相當中國一個大型都會區，像是深圳或是廣州，所以一些習於只有中國能達成量產規模的大型品牌業者，很難轉單給小一點的國家承包代工業務。

有些孟加拉成衣廠設在不應該出現的地方，既雜亂無章又有工安問題，所以工廠失火的消息屢見不鮮，嚴重基礎建設不足的問題從電力供應短缺就略知一二，操作備用發電機的聲音已經成為達卡生活中的背景音效，造橋鋪路的速度趕不上貨品成長的速度，從首都達卡到其他主要成衣、紡織的生產重鎮，只能依靠兩線道、沒有路肩的馬路串連，擁有汽車的人也越來越多，因此我要花三小時搭車才能從達卡抵達西北邊不到三十英里的紡織大城諾爾辛迪，一路上還要擔心害怕如何順利穿出車陣，閃過車旁的黃包車、摩托車、驚慌失措的行人，以及手工塗裝、載滿乘客或紡織原料的貨車。實在很難想像，身陷孟加拉車陣中還要趕著準時交貨會是什麼心情。簡單來講，就算孟加拉的成衣產業逐漸發展起來，一時片刻也無法取代中國的地位，更何況孟加拉時尚產業已經飽受漲價壓力所苦。

二〇一〇年暑假結束時，美國的返校購物人潮突然間發現十幾年來未曾見過的景象：衣服變貴了。中國工資上調伴隨著棉花等纖維布料的價格大幅攀升，終於把零售服飾業者逼到不得不漲價的局面。根據《華盛頓郵報》報導，當時服飾價格比前一年貴了將近一成。藍茲角基於布料價格以兩位數百分比率成長的理由，將女孩穿的燈籠褲售價調高七美元，但調高售價的零售業者會額外增加一些特色，譬如特殊的縫法或是更漂亮的鈕釦以緩和漲價的壓力，選擇不調漲價格的業者只好拿產品品質開刀了。

《華盛頓郵報》深入調查後發現，A&F在二〇一一年重新設計的牛仔褲不但比以往貴十美元，布料也換成次一檔的產品，甚至還變薄了。為了在一片漲價聲中殺出一條血路，H&M刻意反向操作，把原本已經偏低的售價再次下調，希望因此刺激消費量可以抵銷下滑的利潤。

二〇一〇年秋天在H&M店面可以看到讓人眼睛為之一亮的標價：直條紋洋裝一件四．九五美元，可惜這個薄利多銷的策略反而弄巧成拙，等到該公司在隔年夏天結算後發現整體獲利下滑百分之十八。不論是否出於消費者本身自願，時尚產業變動中的經營環境可能代表我們很快就要被迫改變消費習慣，特別是當中國不再廉價了。

Chapter 08

縫紉達人的生活

自從二〇〇八年起，包曼特（Sarah Beaumont）穿的每件衣服都是自己縫紉。這個時間點與全球金融海嘯脫不了關係。那是一個天翻地覆的轉型期，會讓人在一念之間做出決定。一頭棕髮，說起話來輕聲細語的包曼特在日照充足的縫紉工作室接受我的訪問：「我還記得當時身在何處、做什麼。那是讓人難以忘懷的時刻，好像決定要嫁給某人的時候，唯一不確定的是這個決定可以持續多久。」

我好奇地問她：「那是怎樣的情形？」當她置身在大拍賣的貨架前？發現只洗過一次的平價衣服已經褪色解體？還是看著一櫃子衣服卻喃喃自語沒有衣服可以穿？結果我全猜錯了。「是我在客廳裡看著存摺餘額的時候。」包曼特淡淡地說：「這個決定的動機是基於務實的經濟考量。」她想要自己縫紉衣服的理由竟然是為了省錢。

包曼特的縫紉工作室叫做甜蜜生活，空間不大卻有一面非常大的觀景窗，往外可以看見布魯克林波恩蘭姆丘（Boerum Hill）的美麗街道。工作室內有張桌子用來製作模版，有台縫紉機與一塊燙衣板，還有穿著她最新創作的人體模型；我第一次踏進工作室時看見的是淡粉紅色高領針織衫。

包曼特穿一件垂到地板的深藍色棉質洋裝，繫上黑色皮帶，內衣上的水平條紋若隱若現，每一件都是她自己縫製的。可別以為包曼特身上都是單調、粗糙的衣服，穿得邋邋遢遢的，事實上包曼特縫製的衣服不輸連鎖服飾店的衣服，甚至有過之而無不及。這才是重點。縫製衣服時，包曼特會採用將毛邊包覆在布料裡面的頂級法式縫紉法，這是既花錢又費力的工法，在大眾時尚市場差不多已經絕跡了。包曼特偏好針織絲、天鵝絨、泡泡紗之類的高級材質，這些料子不但好看，穿起來又舒適，但是因為成本高，縫製與保養也不易，很難獲得服飾業者的喜愛。正是因為自己縫製衣服，所以包曼特能擺脫服飾業能穿就好的劣質競爭，她身上穿的在一般店家都找不到，不然就是價格很高。

包曼特看了我穿的衣服一眼，說：「我看得出妳這件衣服是中國製的。」的確是，我當時穿的衣服是在傑西潘尼買的聚酯纖維無袖背心，存貨出清時一件只要三美元。中國製的衣服還算耐穿，不過包曼特認為這類衣服的料子很糟，而且只用基本的縫紉工法趕工完成。她說：「中國的專長就是用很快的速度，和很低的成本把產品做出來。」她能一眼看出印度製和義大利製的衣服有什麼差別，也可以一眼看出純手工製作的衣服，「就好像要買車前一定要了解車子一樣，懂得越多就越能看透關鍵的所在，也能更了解自己真正的需求是什麼。我就是有辦法看穿一件衣服的價值。」

她說得一點也沒錯。她比我更了解我身上的衣服，不過只有我知道自己購衣的歷史。就讀高中和剛進入大學時，我是慈善二手商店的老主顧。我會很認真去店裡挑衣服，再自己動手剪剪貼貼加工一番，讓那件服飾成為個人專屬的衣服。在一張高中開學日的照片裡，我穿一條高腰喇叭褲，為了把臀部塞進去還得先稍微裁剪一下。我二十歲時迷上花枝招展的裝扮，另一張家庭照記錄我身穿黑色有墜珠裝飾的羊毛背心，還在褲子外面搭了一件黑色短裙，當時可沒有服飾店嘗試過這種穿搭。在雪城讀大學時，我會去Aéropostale或是維多利亞的秘密（Victoria's Secret）之類的連鎖服飾店買衣服，不過我不認為這些店家的衣服有特別好看，他們賣的是大眾化的商品，穿這些衣服讓我像是沒有個性的人。

就讀大學時，我多次勸告校方關注製作校服的海外成衣廠是否有人權的瑕疵，還因為在畢業典禮時懸掛「我從血汗大學畢業」的大幅手寫布條而被驅逐出場，畢業那年最難忘的就是學校附近的購物中心開了一家H&M。我清楚自己反對血汗工廠，但是卻對便宜貨欣然接受。畢業十年後，我的衣服大約有四分之三來自H&M，也就很少再去慈善二手商店了。購買平價服飾對我來說彷彿是上了癮，再也受不了標價超過五十美元的衣服，結果是我的衣櫥堆滿好幾百件品質不佳、可隨時拋棄的衣服。

當我訪問包曼特的時候，已經對時尚產業的運作模式稍稍免疫了。所謂的時尚，說穿了就是時尚界人士設定的，所謂的趨勢完全是為了創造利潤的把戲。時尚界的企業都發展得太過龐大，壓低成本的競爭趨於白熱化，凡事都得錙銖必較，最後能做的就是不斷推出平價服飾，消費者買到的衣服品質也越來越糟。為什麼現在有那麼多消費者既不珍惜也不看重自己身上穿的衣服？為什麼時尚界可以自命不凡、為所欲為？原因就在於時尚界過度汲汲營營，已經成為過度市場導向的產業，希望消費者愛上他們店裡的衣服就像期待他們愛上速食店的三明治。

我是透過包曼特的部落格找到她。其中一篇二〇〇九年十二月二十八日的發文寫著：「現在有一種叫做慢食的新潮流，自己動手做衣服也可以稱為「慎選衣著」（slow clothes）。大量生產的衣服就與速食一樣，可以填飽肚子滿足生理需求，不過吃完後很快就會餓，還會造成浪費。家庭手工縫製的衣服就和家常菜一樣，是精心烹飪又營養均衡的料理。換個方式講，衣著的品味也是需要培養的。」包曼特並不是第一位使用慎選衣著一詞的人，不過我認為她的描述方式獨具匠心，讓我們可以用很多有趣的新觀點重新思考時尚。

我打算換掉那些粗鄙的短袖上衣與無袖背心，請一位住在我家附近的設計師用回收塑膠、有機棉、環保材質莫代爾等原料為我縫製炫目又有型的衣服，不過最終還是放棄這個念頭。我和大多數美國人一樣，在金融海嘯後變得相當拮据。我在二〇〇八年失去雜誌社的工作成為失業一族，住家附近的不動產價格接著崩盤，連帶影響我房子的賣相，最終只能認賠賣出。財務上的打擊讓我只好暫緩請人設計衣服的想法，雖然覺得平價時尚俗不可耐，但我還是得穿平價服飾，更別提要替縫製這些衣服的廉價勞工出一口氣了。

我不會是唯一徘徊在兩難抉擇的消費者，其實有很多人察覺到自己治裝的方式有些不對勁，因此花費越來越少。有位年輕女性名叫馬泰肯（Sheena Matheiken），她發起「從衣而終」（Uniform Project）計畫，打算用一整年只穿同一件衣服〔值得一提的是，這件衣服還是史塔巴克（Eliza Starbuck）設計〕的方式替慈善機構募款，同時作為消費至上主義的反省。另一個類似叫做「最多六樣」（Six Items or Less）活動，主辦單位要求消費者一個月內最多只穿六件衣服（鞋子、附屬配件、內衣不算在內），「大美國人節衣」（Great American Apparel Diet）計畫則要求參與者發誓一整年都不買新衣服，一年過後再認真回答這個問題：「一旦衣櫥裡面沒有時髦的新衣服，每個人的本質會是什麼？」

除了走進店裡從貨架上挑選衣服，我們已經無法想像還有什麼方式和衣服產生連結。不過，當平價服飾走進我的生命而且帳戶餘額總是歸零時，我被迫用不同的方式重新思考自己的穿著。每個人都有自己的一套購物哲學，但是經過一年不再購物，我可以坦白說：沒有大買特買的日子也不會怎麼樣。以前我的衣櫥裡會塞上幾件趕時髦的新衣服，這種日子已經過去了。可是不再購買新衣並不會因此讓我愛上舊有的衣服，現在我還是會走進不再吸引我的店裡找平價的衣服，顯然不再購衣只是治標卻不治本。

我問包曼特，不再買衣的日子要維持多久？她的回答讓我對服飾的態度從此一百八十度翻轉，「並不是我決定以後不再買新衣服。」包曼特說：「而是說，只要是需要的衣服都自己縫紉。」包曼特和我不一樣，她從來沒有卯起來買東西的習慣。她不是快速時尚的成癮者，沒有從中解脫的問題。我不敢保證需要的衣服都自己縫紉，不過學會縫紉肯定會改變我看待衣服的方式。人類懂得縫紉的歷史已經好幾千年了，甚至可以回溯到上一個冰河時期，去店裡買既定規格的衣服，以及缺乏彈性的消費模式是近代興起的。一旦我們放棄家庭式裁縫或訂做衣服，衣櫥裡的服飾自然會失去多樣性，品質與精緻度也會受影響，所謂合身的衣服便成為絕響。

縫紉機問世後對人類社會造成革命性的影響，徹底改變日常生活的形式。縫紉機讓女性可以從耗時又枯燥的手工縫紉中喘一口氣，根據美國遺產博物館（MOAH）估算，縫製一件男性襯衫大概要花十四小時，一件普通衣服也要超過十小時。手工縫製或許是有趣的工作，但是除非你有錢聘請專用的裁縫師，否則早年的女性必須責無旁貸縫製一家大小的衣服。

最早的縫紉機約在十九世紀中葉問世，售價貴得離譜。一八六〇年代一台縫紉機要價一百二十五美元，而當時美國人年平均收入才五百美元出頭。不過，由於縫紉機省時省力的效果驚人，偏高的售價並未讓人對這新穎的機器望之卻步，有些社區居民會用集資方式合買縫紉機，有些公司如勝家（Singer）則推出機器租賃的服務，所以儘管縫紉機身價不凡，但是沒多久就成為當時最暢銷的商品。

縫紉機也很快促成工廠量化生產成衣運往店鋪銷售的形式，不過一開始能在店裡買到的衣服既貴又不精緻也不合身，所以只有男性服飾（外觀齊一，沒有追求時髦的衣服）銷路較佳，女裝則要等到一九二〇年代才有明顯成長。印第安那州一家知名的百貨公司在當時抱怨，一九二四年賣出的布料大概只有一八九〇年銷量的一半。話雖如此，家庭式裁縫、訂做衣服，與專業裁縫師在二十世紀上半葉仍舊相當普遍。

來自國外的平價進口服飾在七〇年代大量湧進美國，縫紉機的銷路與縫紉工藝從此開始沒落，家庭式裁縫和訂做衣服的情況則在最近幾十年幾乎絕跡了，國外進口的平價服飾淘汰家庭裁縫與裁縫師的說法堪稱公允。縫紉工藝協會（SCA）會長佩哈克（Joyce Perhac）說：「只要去大賣場就能買到一件二、三美元的T恤，一件洋裝也才十到十五美元，這在過去是無法想像。只要從國外進口次級服飾，原本的產業結構勢必跟著調整。」

衣服大改造

我母親是跟外婆學習縫紉技巧，就讀高中時還在家庭經濟學課程中把速寫的設計稿做成一套衣服。我的祖母沒有縫製衣服的經驗，不過卻非常善於修改衣服。我以前也沒學過縫紉，這門技藝就這樣失傳了。我不死心地問佩哈克，一般人不懂縫製衣服真的有這麼嚴重嗎？畢竟只要去大賣場花二美元就能買到上衣了，佩哈克反駁說：「縫紉的功夫真的很重要。現在一般人連把鈕釦縫到衣服這麼簡單的事都做不到，結果不是硬穿少一顆鈕釦的衣服，就是把衣服當垃圾丟掉再買新的。這門技藝失傳的方式實在太戲劇化，也太不值得了。」

我就是失傳的第一代，而且不只不懂得縫紉，連補衣服或是修改衣服的能力也一併喪失。我喜歡的衣服重複穿的結果會變得破破爛爛，這時想東縫西補大概無濟於事。我有一件很喜歡的燈芯絨夾克，就算背後被扯出一道裂縫還是讓我愛不釋手，另一件也很喜歡的青色羊毛衫袖子也被我磨出一個洞，另外有些褲子長到會拖地板，有些上衣除了肩膀合身之外全都鬆垮，但是我就這樣邋遢地穿在身上。

修改衣服以便合身，買衣服要選最好的料子，這樣才能讓衣服更耐穿，否則不再穿的衣服就是垃圾。我在網站上發現住家附近有一群活躍的裁縫師，他們客製化縫製一件A字裙要價八十美元，如果有現成的A字裙需要修改，每小時工資二十五美元。他們在網站上寫著：「如果妳喜愛的洋裝在夏天過後解體了、衣櫥裡不合身的裙子讓妳幻想有一天會穿得上，或是當妳畫出很吸睛的衣服卻不知如何裁縫，我們四位裁縫師可以改造妳喜歡的衣服，也可以實現妳的設計稿。」和這四位裁縫師接洽前，我先請朋友沃夫幫忙，她是專業的襪子設計師與兼職女裁縫，是幫我補牛仔褲破洞與修改裙子長度的理想人選。住在我公寓對街的法裔清潔工也很熱心，幫我把冬天的夾克改短。

在費城長大的包曼特約五十歲，小時候祖母就教她縫紉技巧，從那時起她就會修改衣服、繡花。她在紐約公立學校任教八年，課後也教孩子如何縫紉。她的學生出席率總是百分之百，也沒有學生被退學。包曼特說：「成年人一旦學會縫紉就會像小孩一樣，所以妳應該要學。這不是義務，但從事縫紉是很有成就感的工作。」

縫紉要靠觸覺與視覺實際操作才學得會，不是坐著聽就能懂，也不是看書就能學會。包曼特對縫紉的感想是：「這就是為什麼縫紉是透過代代相傳流傳至今，但如果我們沒有傳給下一代，這門技藝就失傳了。」枯坐在縫紉機前不知如何穿針引線，或是被糾纏的線頭惹惱，都會讓人非常氣餒。縫紉需要動腦去記、去計算，需要注意細節，還要時時刻刻做出決定。雖然模版可以用比較簡單的方式，把天馬行空的設計轉換成夢想中的衣服，不過如果真的想要學會縫紉，還是需要拜師學藝。

訪問當天我立刻繳費報名參加包曼特的縫紉班，之後我去曼哈頓的布料店，看到成千上萬各種不同的料子，有水彩淡抹的布料，有複雜的蛛網圖案，看起來好像有無限的選擇空間，要不是挑料子讓我頭暈目眩，其實還蠻有趣的。一般的服飾店能提供的顏色與款式，對比之下顯得非常有限。現在我再也不用看他們的臉色，不用讓他們決定我有哪些衣服可以買，現在我可以全權掌握縫線與布料的品質，只要我高興，就算是用頂級的法式縫紉法又有何不可？最後我挑一塊鵝黃色的布，還有色彩對比鮮明、具有相當品質的暗橘色針線。我剛入門裁縫，卻擁有和時尚設計師一樣的主導權。

賀瑞特是縫紉班的同學，她希望學會怎樣用模版幫兩個小孩做衣服。其中一個女兒已經十六歲了，賀瑞特說，女兒居然不介意穿她縫製的衣服。第一堂課時，我和賀瑞特坐在楷模（Kenmore）縫紉機後面，第一件工作就是要學會穿線。包曼特告訴我們：「這好像一道又一道波浪，多繞一次，縫線的張力就會更強。」

每一台縫紉機穿線的方式都不盡相同，不過基本原理相去不遠。我們使用的楷模縫紉機要先用針線把鐵勾繞好，往下拉到塑膠夾，再繞到另一個與針連結在一起的鐵勾，還要再繞過另一個小掛勾才可以把線頭穿過狹小的針眼。接著要用控制機器內部針線的光滑小圓臂，帶動絞盤的捲線軸，再轉動捲線軸，讓針線妥當地裝在縫紉機裡。

新手要讓縫紉機運作不是簡單的事，生產縫紉機的公司為了扭轉衰退的業績，已經把注意力放在業餘縫紉愛好者。根據《時代》雜誌報導，有越來越多人喜歡縫紉衣服，二〇〇六年美國大約有三千五百萬名業餘的縫紉愛好者，比六年前多出五百萬人。

縫紉機公司為了吸引業餘愛好者，推出電腦自動化、可以避免纏線的機種，甚至可以用磁鐵吸附的方式裝針線，勝家與兄弟牌（Brother）都號稱新推出的縫紉機是全電腦化，只要輕輕一按就可以自動操作，很多新的縫紉機也都在捲線軸旁新增數位化、圖像顯示的裝線功能，新手就不用在各種掛勾中繞來繞去，也不用擔心裝錯針線。要是沒有這些新設計，像我這種笨手笨腳的鐵定沒辦法學會。

包曼特打開縫紉機，讓我們觀察裡頭針線的運作方式。她說明送布齒夾住布料，往前推送的功能，飛輪則用於操作針頭以便在布料纏線時手動排除，喉片上的公釐尺，可以讓我們順著模版車出直線，提供輔助功能。以上都是現代縫紉機新增的功能。

第一次使用縫紉機讓人緊張。因為擔心搞砸了，也是因為幻想就要成為傑出女裁縫，給自己添加無謂的壓力。但是當縫紉機開始動起來，帶動裡面的轉軸、齒輪後，這種焦慮感就消失了。上過包曼特縫紉班三堂課後，我已經學會縫製枕頭套了，縫紉已經是我生命的一部份了。

幾星期後我以郵購方式買生平第一台縫紉機，安裝在臥室的一張小桌上，並立即裝好針線，接著拿出一條六個月前被扯破後就沒再穿的黑色牛仔褲，還有夏天從另一件黑色牛仔褲上裁下來的布料，拼在一起放在縫紉機的針頭下。我把機器設成Z字型縫法以增加縫合強度，然後動手縫合。縫紉機吐出的針線噠噠地很快糾結成一團，我理過線頭重新再來，一會兒就完成補丁。幾星期內我裁縫好幾件牛仔褲，裙子也做了摺邊，還在寬鬆T恤的側面補上一條滾邊。三十一歲的我第一次知道，照顧自己的衣服原來是這麼有成就感。

大多數人都在意自己的穿著打扮，這就是為什麼即使整個櫃子滿滿是衣服卻沒有一件滿意。其實很多衣服只要稍微改一下，我們就有意願穿上身。洋裝、裙子的長度很少會剛好適中，有些衣服的顏色可能不是我們想要的，看上眼的襯衫卻不見得合身，還有些是過長或太短的皮帶，有些我們喜歡的上衣卻有惹人厭的縐褶、領帶或蝴蝶結。以我為例，學會縫紉並不表示身上穿的每件衣服都要自己做，而是讓我了解衣服並不是一成不變。衣服可以修改、縫合，甚至可以改頭換面重新裁縫，讓衣櫥裡的每件衣服都能在不同場合派上用場。學會縫紉也讓我有辦法辨識，衣服的作工水準與是否用心裁縫，讓我更珍惜品質好的衣服，也了解購買平價服飾是多麼浪費，畢竟平價服飾的料子與作工根本不值得買回家。

包曼特的衣服風格屬於浪漫古典風與大草原農莊式的女裝，往往是連身及地的洋裝搭配襯裙，背後還可以繫上緞帶。但我的風格是八〇年代式的，看起來嚴肅、有專業形象的款式，譬如一字領的短洋裝加墊肩，或是黑色搭配亮粉紅色的花俏。我也喜歡領口有大蝴蝶結的上衣，或是附有沉肩袖的衣服。學會縫紉也讓我知道可以完全按照自己的願望穿著，學會縫紉讓我再也回不到以前靠平價服飾的日子，接下來幾個月我還打算去上模版班和中級縫紉班，繼續存錢訂做客製化西裝外套和幾套專人裁縫的洋裝。

以前在平價服飾店買衣服的時候，我所穿的和其他人沒兩樣，就算不是一模一樣，但都有共同的潮流圖案。有一次我在餐廳發現至少有四個人和我穿同樣的條紋水手服，當時尚成為大量生產，類似情景會不斷發生，這就讓個人化、客製化的衣服顯得更迷人。包曼特說：「如果自己動手做衣服，就沒有人會和你穿一樣的衣服，這在現代社會是多麼難得啊！」

包曼特還說：「我們已經走到變革、轉型的時間點了，也就是為什麼現在時尚界老是出狀況的原因之一。」她指的是創下天價的套裝、棉花的短缺、原本高調的設計師，落得精神崩潰等不斷衝擊時尚界的負面消息，「我相信，現在朝兩個極端發展的時尚產業已經走到瓶頸了。」走過主流時尚的發展模式後，將來應該會有越來越多人走回客製化訂做、僅此一件別無分號的型態，這個新階段將帶來更多感官刺激而不是擔心害怕。儘管不是每個人都有閒功夫與耐心縫紉，我還是希望有越來越多人願意坐在縫紉機前學會基本的縫補能力，多利用住家附近的裁縫師。我們動手做日常用品的機會已經少得可憐，也沒機會決定自己的衣著打扮，縫紉達人的生活可以喚回這種操之在我的滿足感，可以讓你看到光鮮亮麗之下隱藏多少玄機，讓你重新掌握時尚與品質。以我個人的經驗為例，這種滿足感絕對不是在店裡的貨架上挑衣服所能相提並論的。

二十九歲的歐文斯（Jillian Owens）從小在南卡羅來納哥倫比亞市出生、成長，到二手服飾消費之前，她一直是慈善二手商店的愛好者。「要不是因為缺乏像樣的衣服，否則慈善二手商店也不至於這麼令人乏味。現在可以在二手商店找到一大堆穿過的H&M，有些是破破爛爛的。」歐文斯如是說。幾年前的聖誕節她收到一台縫紉機，讓她認真思考縫製衣服的可能，但到住家附近的布料店走一趟後，昂貴的布料讓她咋舌，心想不如買一件成衣好了。

其實我們可以用很便宜的方式縫製衣服，端視布料的成本與縫製完工的複雜度。包曼特有一件可以跟洋裝搭配的可愛粉紅色T恤，布料成本還不到三美元。她經常挑選一碼要價不到十美元的料子，而縫製普通衣服只需要三碼布。包曼特有一個省錢密技，就是回收碎薄布與設計師用剩的布料，紐約成衣特區的布料店就可以買到這些東西。她鼓勵我把沒用過的床單縫製一件沉肩袖的衣服，裁縫衣服剩下的布料也可以再縫製枕頭套、填充玩偶和小背包。

不過歐文斯認為，既然可以在店裡買到全新的衣服，就沒必要再花錢自己裁縫。她說：「縫紉原本是女性出於節儉才發展出來的技能，所以當我們可以買到全新的衣服，而且還比自己動手做更便宜時，再靠自己去縫製就太奇怪了。」因此歐文斯再度光顧慈善二手商店，不過她現在是買二手衣回家修改。她會買不合身或是退流行的二手服飾，拆掉墊肩、剪短袖子或強調褶邊的加工。有一件八〇年代麗詩加邦粉藍色連身洋裝根本不符合她嬌小的體型，但她就把這件衣服改成常見的可愛小禮服，她也會把男生的襯衫改裝成晚禮服，把足球衣改成包臀裙。她說：「自己做衣服或改衣服會有說不出的成就感。」這份成就感強烈到讓她開設一個有名的部落格：ReFashionista，分享自己使衣服煥然一新的故事。

只要修改衣服就免不了會把衣服搞砸。歐文斯說：「我們會擔心把衣服剪開後的下場，怕之後只會搞得一團亂。」不過她倒是把這種風險看成樂趣。歐文斯說，有一位朋友對她抱怨，新買的無袖背心有個難看的縐褶，抱怨幾個月之後決心剪掉討人厭的縐褶，沒想到之後竟然更喜歡那件無袖背心了。

改裝衣服並不是什麼新概念，只是大家都把這項技藝忘了。早在十八世紀的英格蘭幫傭，就懂得把女主人不要的衣服帶回家改頭換面。我的祖母成長於經濟大蕭條年代，因此養成不丟掉衣服的習慣，一定要縫縫補補、重新改款到完全不能再穿，或是交給其他家族成員繼續穿。二次世界大戰期間衣服與鞋子採用配給制，紡織業也以生產軍服為優先，但是愛漂亮的女人還是有辦法用先生的襯衫、舊的亞麻衫與廢棄衣服做出別有風味的服飾。修改衣服當然也可以是一種生活方式，其包含的創新元素可以讓我們跟上時尚風潮，現在正有一批新世代縫紉達人著手找回歷史中的記憶。

有些部落格和社群網站會吸引改裝衣服的愛好者，歐文斯就曾擔任Refashion Co-Op社群網站管理者，這個網站吸引世界各地改裝衣的愛好者，他們協議每月至少要改裝一件衣服。歐文斯不但會在網站上幫他人出點子，她那件由男襯衫改成的晚禮服也獲邀在地區博物館展覽。歐文斯目前和一家慈善二手商店合作，由她改裝破損或過時的捐贈衣服再重新販售，銷售收入捐贈給一家婦女援助中心。歐文斯樂在其中，她說：「這些衣服不改裝的結果很可能就是一丟了之，這種合作方式讓每個人受益，何樂不為呢？」

資源回收再利用

經銷二手舊衣的貝雷克特曾經嘗試經營一條時裝線，不過評估所需的資金與財務風險後，她決定經營修改古典風的衣服。美國古典風衣服的市場稱得上是臥虎藏龍，只可惜有很多二手衣都會因為汙漬、破損、太古板而滯銷。不是每個人都有閒功夫、餘力可以自行修改二手衣服，貝雷克特提供的服務剛好滿足他們的需求。

像貝雷克特改裝、修補二手衣後，再進行銷售的業者越來越多。如果某件二手衣服很有質感，比方貝雷克特在她的網站兜售的八〇年代浪凡雙排扣西裝外套，她會讓這種衣服保持原狀出售，不過她買來的二手服飾中約有四分之三需要修改後才會有行情。貝雷克特會動手換掉伊夫聖羅蘭花格夾克的破鈕釦，把連身裙的袖子裁掉。考慮現在的衣服下擺都很短，所以她也會把衣服改得很短，貝雷克特說：「我希望提供顧客一件具備完成度的衣服，讓他們可以直接穿在身上。」

貝雷克特堅信消費的力量，認為我們可以透過選擇性消費改變時尚產業的生態，「如果我們決定不再去H&M消費，那就沒有什麼事情是無法改變的。」貝雷克特說得眉飛色舞：「我們老是怪罪無良的企業，可是每當夜深人靜自我反省的時候，我們也該為自己的行為負責任。」為了滿足顧客在特殊場合的穿著需求，貝雷克特也在網站提供古典風服飾的租賃服務，她說：「分享彼此擁有的事物也是減少浪費的方式。既然我們不會穿同一件禮服超過兩次，又何必花錢把每件禮服都買回家呢？」

因為想到可以穿各式各樣的衣服，因為能感受到穿新衣服的興奮，租賃或是交換服飾的方式逐漸獲得一般人的迴響。交換服飾的活動通常是由社區或私人進行規劃，邀請與會者隨身攜帶狀況良好的衣服到現場免費交換，有時則需要支付一點贊助經費才能參加交換活動。現在全美國到處都有交換衣服的活動，像是波士頓的The Swapaholics就辦得相當成功，與會人數曾經超過四百人。《今日美國》在二〇一〇年四月二十六日有一篇評論文章寫著：「一旦要替自己，還有丈夫與小孩增添新行頭時，越來越多女性採用交換的方式取代直接採購，有可能是一群好朋友聚在家裡交換細心呵護的漂亮衣服，當然順便聊八卦，也有可能是陌生人透過規劃好的活動進行面對面交換，還有一些人是直接透過網路交換衣服。」這篇文章提到人際互動與社交內涵是女性開始偏好交換衣服的原因，這的確是重視消費的現代社會所不能取代的功能。

第一次聽到交換衣服的想法讓我五味雜陳，心裡想著，如果參與交換活動的人不現身，那要怎麼確保不會有人帶著穿到纖維疲乏或是髒汙的衣服到場呢？所以如果自己帶著名牌設計師的昂貴牛仔褲與羊毛外套，不就虧大了。因此怎樣找到一個營運完善的交換活動，讓你找到自己想要的風格和品質就成為至關重要。我在臉書上找到一個距離我家只有半英里的交換活動，這是讓我檢驗上述想法的機會。我翻箱倒櫃把家裡沒再穿的衣服找出來，從中挑出幾件衣服準備帶去交換，包括好幾件外觀還過得去的H&M上衣，一件Old Navy從來沒穿過的毛線衣，一條GAP品質不錯的黑色燈心絨長褲，還有一雙Diesel白色球鞋。

我抵達交換活動現場後就把那袋衣服交給接待人員，這樣做的目的是為了避免與會者知道其他人究竟帶來什麼衣服。這場交換活動安排在圖書館地下室一個大房間裡，由主辦單位依照男裝、女裝、童裝、洋裝、外套、鞋子與其他雜項先分門別類，可供挑選的衣服沒有奇裝異服，我也發現有些不錯的服飾：一件品質良好的羊毛長外套、紅色的慢跑短褲、淡藍色的燈心絨裙子。把這些交換來的衣服帶回家試穿後，我決定把那條短褲留下來，其他的就再交給慈善二手商店資源回收再利用。

我不記得第一次見到史塔巴克時她穿什麼衣服，我倒是記得自己穿平價的無袖背心、平價的黑色膠鞋、平價（只花五美元）的針織裙。訪問懂得穿著的人之前，懵懂無知的我一直以衣櫥中盡是便宜貨而洋洋得意。史塔巴克的造型讓我驚為天人。身高六呎、身型苗條的她有一雙清澈的藍色眼睛，頂著一頭深色短髮。儘管合作對象包括所有連鎖服飾店的設計團隊，也包括COACH這樣高價奢侈的品牌，但是史塔巴克只穿從慈善二手商店挑回家的衣服，像是西裝外套、各式各樣的褲裝，以及華麗的貴婦圓頂小盤帽。她認為以相同的價位而言，在慈善二手商店找到的衣服都比連鎖服飾店更有質感，她說：「我可以找到一條真的很好、百分之百羊毛製成的褲子，要價才十二美元。我很清楚要找什麼樣的衣服，所以可以用很便宜的價格，譬如H&M的價位、品質真的很不錯的衣服。要是走進H&M、甚至是都會服飾公司的店裡，他們的衣服品質之低劣實在讓我受不了。」史塔巴克會在慈善二手商店待幾小時，試穿店裡近一半的衣服。

現在我到二手商店或古典風服飾店買衣服，會有複雜的情緒湧上心頭。我當然很喜歡在裡面搜尋百分之百純棉衣、絲質罩衫、皮製便鞋，不過這些高品質的商品很稀有也很搶手，但是我又不願屈就品質不良的衣服。要讓消費者花更多錢買衣服的前提應該是能買到優良的品質，可是我們花錢經常是因為品牌名稱或是設計師的名號。我們辛苦賺來的錢應該用在好的質料與獨樹一幟的設計風格，而不是花錢買一個名稱而已。我們需要更多能做出好衣服的設計師，也需要更多願意為這個理由花錢的消費者。

史塔巴克認為，好的時尚設計師要能讓消費者多穿他們的作品，所以她經營的Bright Young Things訴求彈性穿搭的風格，有助於打消我們買一大堆類似款式的念頭，就不至於像我一樣，買了看起來沒什麼差別的三十四件無袖上衣和二十一件裙子。史塔巴克的品牌以多功能與可調整的服飾為主，可以讓消費者用多種不同的方式自由穿搭。有一件正、反面都可以穿的黑色套裝，還可以當成夾克穿；另一件可以在腰部變把戲的褲子，能夠讓消費者當成高、低腰的款式，甚至是穿到臀部外露。她說，她的衣服隱含一種訊息、一種生活型態：知道怎樣讓自己更有型，讓自己用更多想像力穿衣服，這會比擁有一大堆衣服更值得驕傲。做出這種變化多端的衣服逐漸成為時尚設計的主流思潮，像是美國服飾公司已經開始販售寬鬆的服飾，並附上一本小手冊告訴消費者如何自行搭配。

綠色時裝秀是在曼哈頓舉行的時裝走秀，以推動有助於環境永續的設計概念為訴求，舉行時間與秋季時裝周一致，史塔巴克的設計在二〇一〇年的綠色時裝秀中挑大樑，其中四款服飾：雙色吊帶衫、可調式伸縮褲、外套連身裙和米白色裏身裙，在隔年春天成為都會服飾公司在三家曼哈頓分店銷售的服飾。我和她約在東村分店碰面，想藉機試穿她設計的作品，結果發現她的作品被一堆色彩豔麗、印上該年度很普遍小花圖案的無袖背心給遮住了，史塔巴克喃喃道：「這種款式等換季後就沒人要穿了。」這句話當然是對連鎖服飾店搶搭無袖背心熱潮的做法不能認同，因為只要一看見這款衣服就可以很快辨識上市的時間，其他人就會知道穿這種衣服的人是什麼時候買的，那就遜斃了！附帶一提，史塔巴克設計的無袖背心採用沉穩的栗子色、黑色與米白色。

Bright Young Things的衣服標籤上寫著：「妳可以用多少種方式穿它？」所幸我有設計師本人幫忙回答這個問題，在我興沖沖挑選要試穿的衣服時，史塔巴克笑著對我說：「這可是多少消費者夢寐以求的機會啊！」我先試穿那件可以隨意造型的吊帶衫，在脖子附近繞了繞，變成一件合身的中空裝，她說：「我會用斜披的方式穿，這樣看起來更引人遐想。」果不其然，把吊帶移到同一邊露出手臂之後，馬上產生完全不一樣、非對稱性的垂墜效果。

包曼特、史塔巴克、貝雷克特、歐文斯這些女性展現出的時裝風格與生活型態，讓我開始自己動手縫紉衣服，也成為改變服飾產業流程中的一股力量。我們穿的每件衣服都有修改調整、改頭換面，變得更具個人特色、讓人印象更深刻的可能，穿著合身的衣服更能讓人自信地抬頭挺胸。當我已經習慣自己修改衣服之後，出門逛街時居然會產生一種嚴重的被壓迫感。稍微修改衣服不過是舉手之勞，為何路上每個人都穿不合身的衣服呢？我現在學會滿心歡喜地動刀裁剪衣服，雖然還是搞得一團亂，不過完工後的新造型會讓我更喜歡它們。我這陣子忙著拿出衣櫥中滿是灰塵的聚酯纖維上衣，把穿起來不舒適的合成內襯裁掉，把下擺的皮帶也剪掉，結果就變成一件滿炫的外套罩衫，為我贏得不少讚美。之後我把合成內襯剪成條狀，縫在一件從救世軍慈善二手商店買來的皮裙下沿。一些印有古怪圖案的襯衫有趣歸有趣，但是平常工作日實在不適合穿，改成大型的購物袋或是枕頭套也挺實用的。我還把兩雙從慈善二手商店買來的咖啡色皮製便鞋染成黑色，以便和我的衣服搭配。最基本的當然是把T恤通通改過，所以現在我每件T恤的大小長短都剛剛好。

包曼特預言，我將來有一天會獨力完成一件衣服，而且就算在那之後的好幾年，我還是會懷抱滿足感，樂此不疲。她說：「妳可能騎著腳踏車，心裡想著：哇！我穿自己做的衣服！」看著她眨眨眼、握著虛擬龍頭的模樣，我們兩人都笑了。我終於明白自己很適合從事縫紉工作，但即使如此，我還是會找巧手設計師史塔巴克、修改衣服達人貝雷克特和歐文斯，還有女裁縫沃夫幫忙，我也希望看到懷抱「慎選衣著」理念的設計師與零售業者加入。

Chapter 09

平價時尚還有未來？

迴聲公園獨立消費合作社（EPIC）距離洛杉磯同名的迴聲公園沒多遠，看起來就跟其他氣勢非凡、不易親近的時裝精品店一樣，光鮮亮麗的店面有個令人費解的商標：兩隻後腳站立、前腳擊掌的黑色兔子，映在櫥窗上。店內格局有如閣樓，牆上則是博物館似的白色油漆，貨架上有布料拼湊的韻律服、滿是亮片裝飾的馬褲，還有花俏、圖樣別出心裁的短洋裝。該合作社在二〇一〇年三月開幕，同年八月我無意間逛進這家店才知道許多知名設計師常到此為顧客挑選衣服，譬如流行界代表人物女神卡卡的造型設計師，前不久才到此為她挑選服飾。

走進店裡，一位高大、孩子氣，身穿紅色格子裝與合身牛仔短褲的金髮男士面帶笑容朝我走來，幾分鐘之後，我就和史考特（Tristan Scott）坐在一起交談了，這時我才知道這家店與我看到的外表不一樣，這裡的衣服幾乎都是在洛杉磯完成設計、生產，除了使用環境友善的布料，也會採高道德標準挑選外包廠商。

我常想，有沒有可能存在一家理想的服飾店，能提供時髦的衣服、物美價廉並且注重環保，同時還有能力支付員工生活的工資？這種店大概不存在吧？不是耗竭資源量產衣服就是壓榨勞工，沒有一件衣服是便宜的，精心製作的衣服也不會是便宜的。我花了近兩年時間才接受這一點，或許你需要的時間比較短，不過現在這些想法開始變得有可能了。

美國人近年來會直接向農場購買食物，也有越來越多人願意多花錢購買有機雞蛋和在地生產的商品。很多美國人願意光顧直接與農場合作的餐廳，因為那裡的食材來自附近的農場，可以保障食物的鮮美，也能提升生活品質。越來越多人開始注重在地精神，用更謹慎的思維放慢飲食習慣，這種風潮顯然已經擴散到時尚界。

過去幾年，所謂兼顧倫理的時尚總是跟風格不起眼、色澤單調、質料粗糙等刻板印象脫不了關係，再不然就是優先考慮公眾議題，而不是優先考慮設計品味的簡約純棉T恤，這些做法當然只能在無關緊要的小眾市場中存活。有機食品與在地生產的食品之所以成為一股風潮，是因為它們提供更豐富的飲食體驗，如今慎選衣著、重視在地生產的時尚運動，總算讓消費者感覺買得更划算。

EPIC剛開幕時，史考特與另一位共同創辦人瓊斯（Rhianon Jones）絕口不提倫理道德，希望消費者把目光集中在該公司的時尚作品，史考特用戲謔的口氣說：「我們打算像母親一樣，在不知不覺中把蔬菜湯倒進孩子的餐盤。」瓊斯在一旁答腔：「讓消費者發現：哇！是有機商品呢！這是我們想讓消費者接受我們理念的方式。」當天穿著復古搖滾風衣服的瓊斯也愛好古典風服飾，他們兩人接受訪問時會不時哈哈大笑。很多EPIC的消費者在購物時渾然不覺，自己正在買用有機棉、植物鞣製的無毒皮革，以及回收再利用的聚酯纖維所做成的商品，他們是為了五十項頂尖時尚產品而來，包括用回收寶特瓶材質與有機棉製作服飾的原貌

（As Is），還有用植物鞣製無毒皮革生產男裝的葛斯特（Gas'd）。史考特說：「這種低調的做法對我們來講相當重要，因為我們也想成為真正的時尚業者，低調才能讓我們知道消費者是不是真心想要穿這些環保概念的衣服。」慎選衣著的運動要能成功，相關產品就要比連鎖服飾店的衣服更優秀，在品質、創意、獨特性與實際的消費體驗各方面，也要比行銷手段五花八門的名牌設計師更出色才行。

三十一歲的麥格瑞格（Kate McGregor）在紐約以慎選衣著的概念開設兩家服飾店Kaight。店面外觀低調，內部陳設美觀應有盡有，衣服要不是在美國生產就是使用環保材質，多數時候更是兩者兼具。進駐該店的設計師包括發跡於布魯克林、自行開發布料絹印圖案的設計團隊Feral Childe，漂亮寶貝哈特曼主導經營的博德金品牌，還有主打高品質女性套頭衫與針織夾克、源自西雅圖的Prairie Underground。麥格瑞格說，自己從沒想過開一家只會吹捧環保認證卻忽略時尚魅力的服飾店，「消費者應該是基於好看、新穎、作工精細等理由買衣服，更重要的是：自己想要穿。」麥格瑞格說：「這才是衣服的賣點。」

慎選衣著在很多方面都與我們被連鎖服飾店訓練、習以為常的概念大異其趣，比方說，強調不是基於趨勢而創作新衣服，而是看重衣服的獨特性以免被認出上市的時間點，麥格瑞格進一步解釋：「如果真的有一件又酷、又炫、又充滿設計感的衣服，我們應該沒辦法把過去的歷史潮流與它做聯想，因為它是當下的全新創作。」另一個極端的例子來自EPIC網站，上面有件安東妮（Marie-Antoinette）式閃閃發亮的大蓬裙，還有一件從袖口垂掛出許多條流蘇的金縷衣。既然我們早就遠離用衣著區別誰是國王、誰是窮人的年代，那又有什麼理由不能穿得更大膽一點呢？慎選衣著某種程度讓每人的風格一覽無遺。現在流行潮流變化之快已經讓我們只剩兩種選擇：任憑走馬燈般喧囂不定的趨勢擺佈，或是勇敢堅持自己想要給人看見的外表。

史考特對這個現象頗有同感：「現在的時尚已經太看重穿著背後所象徵的社會地位，衣服本身有沒有特色與藝術表現的手法反而被忽視了，在名牌時尚的領域更是如此。」史考特與瓊斯替EPIC挑選的衣服都相當看重獨特、新潮與藝術水準等特質，Kaight雖然稍微偏好日常穿著的衣服，不過所銷售的服飾卻相當具有創意。我在該店買一雙瑪莉莎（Melissa）彩虹斑馬條紋的平底鞋，瑪莉莎是一家使用特殊專利回收塑膠材質製造鞋子的巴西公司，採用封閉式營運系統將公司的廢水、廢棄物回收再利用，甚至會回收滯銷的鞋子製作下一年度的產品。

慎選衣著本身就是有益於環保的概念，姑且不論所使用的材質為何，單單小量生產這一點就有益於環保了。洛杉磯Reclaimed的設計師專門使用回收過後的紡織材質生產僅此一件的服飾，該公司是EPIC的供應商之一，與Kaight都採用小量生產模式。慎選衣著所強調的稀少性不只對環境有益，同時也是達成行銷目的的重要手法，因為這代表沒有多少人可以跟買家一樣擁有同樣的衣服。如果是由在地時尚業者經營慎選衣著概念，還有可能在失傳幾十、幾百年之後，重新建立在地的服飾風格。

麥格瑞格從小在俄亥俄州斯春田市經營小生意的家庭中長大，自孩提時代就很嚮往時尚界，她說：「我小時候的家訓是：買東西要以在地的商品為優先考量，因為這樣才能幫助經營小生意的人。這則家訓從此成為我一生所抱持的信念。」就讀大學時，麥格瑞格越來越關注環境議題，也意識到主流時尚的膚淺與浪費，她說：「不諱言，我用很不正常的方式強迫自己扭轉原本對時尚界的想法。」從此麥格瑞格踏上完全不一樣的道路，重新擁抱所熱愛的時尚之前曾擔任財經記者。二〇〇六年她在紐約下東城開設第一家店，採用具環境永續性的布料，此做法震撼了時尚設計界，她自此走出一條不同的道路，她說：「重視環保的想法慢慢涵蓋整個生產流程，甚至包括布料的原材料與染色方式。」

環保布料興起

ＥＰＩＣ和Kaight對待設計師的方式比較像是合作夥伴而不像是批發業者，不但會支持設計師的審美標準，還會主動幫忙搜尋適合的原料供應商，讓設計師有管道取得對環境友善的布料，並建議他們使用較環保的生產技術，譬如植物鞣製的無毒皮革與回收再利用的原料。兩位老闆會與設計師一起採購環保原料，也會要求習慣用一般原料的設計師針對環保概念開發新產品，麥格瑞格則是以契約方式要求較少使用環保材質的設計師必須逐漸提高使用比率。現在這兩家店在設計界擁有高知名度，成為諸多設計師亟欲建立合作關係的對象，獲得越來越多的談判籌碼。瓊斯說：「現在我們可以明白表示，重視環保是建立合作關係的前提，通常設計師也都願意接受。只要他們使用越多環保材質，他們就更能體會這個轉型過程並沒有那麼困難。」

設計學校也開始重視環境永續的設計概念，EPIC發現年輕的設計師會在選購原料時加入道德考量。男裝品牌Roark Collective主打精緻有型的皮夾克，他們在與EPIC建立合作關係之前就已經採用植物鞣製的無毒皮革，史考特回憶雙方剛接觸時的場景：「他們才剛從設計學校畢業，我們事前也沒針對這一點提出要求，看到這個現象真是讓人欣慰。」

隨著供應商逐漸增加，環保布料的價格也不斷下滑，這幾年服飾的多樣性和品質也都有顯著提升。瓊斯開設EPIC之前是一位環保時尚的部落格格主，他告訴我：「兩年前我剛開始發表具環保概念衣服的文章時，能夠想到的服飾大概只有麻製的裙子。」現在幾乎各種天然原料都可以找到對環境友善的替代品。以我個人觀點來看，穿著羊毛與棉花的質感、舒適度是聚酯纖維無法相提並論的，而且羊毛與棉花也都是生物可分解，不是經由石油提煉的天然原料，不過基於降低整個紡織業有毒物質與化學原料使用量的目的，同時為了降低消耗布料的總量，我也會接受可以回收再利用的原料。

近幾年因環保意識高漲讓纖維素布料大受歡迎，史塔巴克採用混天絲的布料開發商品。天絲是澳洲蘭精企業的專利品，彷彿具有絲質觸感的超級棉，是在對環境友善的封閉系統內，以化工製程從桉木漿中提煉而成，所使用的化學原料都可以回收。我有一件用莫代爾製成的黑色無袖上衣，就是類似天絲的原料，觸感異常柔軟，在公開場合都必須強壓自己伸手去撫摸衣服。我也喜歡絲質的衣服，不過都是在慈善二手商店買的，因為二手服飾的價位比較便宜，也因為絲質衣服要耗費相當多資源才做得出來（大約要三萬隻蠶才能生產十二磅生絲）。布料是服飾最基本、也是最重要的生產要素，好的布料不但要給人舒服的觸感，也要經得起長時間的穿、洗，還必須讓人一眼看出布料紋理的美感。

在地生產的風氣再度興盛起來，因為設計師已經明白，這種做法在品質管控與即時上市的優勢無從取代。史考特的註解是：「如果某條產品線的庫存水位偏低，我們可以直接聯絡設計師，問他們：『嘿，老兄，你們有沒有什麼產品可以在一星期內趕工完成？』這種銷售方式非常有時效性。我真不明白，為何沒有多少人願意採取這種營運方式。」麥格瑞格對此的態度也相去不遠：「我們不可能預先知道哪些服飾會突然爆紅、哪些會滯銷，如果能跟在地成衣廠建立良好的合作關係，設計師就有機會卡進成衣廠的生產排程，在兩星期內完成新一批服飾。這一點實在太了不起了。」雖說即時生產的管理概念，是快速時尚產業與網路世代結合後的特色，但這其實也是企業規模尚小、較能獨立運作時的經營方式。能夠快速回應需求讓在地生產的服飾取得競爭優勢。

各位讀者可能想破頭也想不到，美國成衣製造部門的就業率在二〇一一上半年居然微幅上揚，就業人數從史上低點十五萬五千人成長到該年五月份的十五萬七千四百人。中國生產成本的飆升使得在美國本土製造的成本劣勢不再那麼明顯，不但小型設計工作室轉向，就連大型品牌服飾業者也跟著改用在地生產的服飾。加州時裝協會會長梅契克指出，標靶和梅西針對測試市場用的新產品線，會先找本地成衣廠供貨，她說：「梅西會先在美國本土生產高檔自有品牌的女裝上衣，之後才會送到國外進行量產。」

洛杉磯的時尚品牌卡倫凱恩，更是把所有可移回美國本土的生產線移回。該品牌創立於一九七九年，過去幾十年早已把超過半數的生產線移到中國，利用當地廉價的生產成本，當然也是考量美國本土成衣製造業資源有限。兩年前，當國外生產成本開始攀升，他們立即把製造工作陸續移回洛杉磯，目前大約佔兩成的生產比重。另一個專門經營絲質絹印、市值一千五百萬美元的洛杉磯品牌獨身（Single）也在二〇一一年把中國的生產線移回，目前在美國本土的生產比重高達九成。

對規模比較大的企業而言，要把成衣製造的工作移回美國本土是困難的大轉型，因為以往能夠處理大眾化市場、量產訂單的成衣廠都已經凋零了，需要先設法重建適當的生產規模。很多經驗豐富的成衣廠管理人才，與手藝高超的成衣工要不是已經退休就是轉職從事其他工作了。此外，老舊的機器設備當然也是棘手問題，有些甚至早就打包轉賣給國外成衣廠，以致美國本土欠缺現代化科技的成衣設備。總而言之，經過多年的產業外移，美國本土成衣製造業實力已經大不如前。以需要使用特殊針織設備的毛線衣為例，這類的機器現在多半要到國外才找得到。卡倫凱恩的負責人凱恩在美國本土捉襟見肘的有限資源中，設法打響美國製造的名聲，他說：「如果我們想要重作馮婦生產毛線衣，那還得先買回中國成衣廠的機器。我們必須更努力才能找到市場利基，不過，重新利用國內的生產資源是很有意義的事。」

拯救曼哈頓成衣區運動長年與紐約市政府及社團組織合作保存當地的成衣廠，執行主任沃夫認為，回到美國生產的現象也可能發生在紐約，雖然跡象未明朗但沃夫樂觀地告訴我：「這個年頭流行從中國回到美國，我希望看見紐約的設計師能帶回工作機會。」

沃夫和其他時尚界人士一樣認為，租稅優惠、設備融資、教育訓練等政策，可以刺激美國成衣製造業的復甦。他常前往華府遊說政府為成衣製造業發行產業發展公債，成衣產業發展公司的瓦德則運用州政府基金訓練資深成衣工與製作模版的技能，但這些努力都需要進一步加強，尤其是移民工一直是美國成衣製造業的骨幹，因此需要針對非法勞工議題提出解決方案。

卡倫凱恩與迪樂百貨（Dillard’s）合作，從二〇一一年購物季開始就在迪樂全美一百七十九個營業點推出美國製造、中價位的時尚服飾。對百貨公司而言，美國製造的服飾從進貨到出清的周轉時間快多了，反而可以因此節省成本。迪樂現在不用提前五個月向國外的成衣廠下單，反而可以冷靜觀察哪種趨勢較受歡迎，再向卡倫凱恩下訂單，之後只需要等幾星期就能讓衣服上架。凱恩說：「對方認為這種營運方式太棒了。只要美國的成衣業越來越興盛，買方將來不但可以貨比三家，對市場趨勢的回應也會更快。這是美國成衣業未來的發展走勢。」

在地生產也讓設計師更能掌握成衣廠的運作狀況。不容否認，美國到現在仍不時傳出壓榨虐待、血汗工廠的問題，不過當更具有本土意識的成衣業者縮減生產規模，只專注少量、精緻的成衣製造時，我們有充分理由相信時尚產業的勞工問題會獲得改善。如果時尚服飾的價格能夠上揚，當然也有助遏止成衣工薪資偏低的情形。與EPIC合作的設計師產量都極為有限，通常會在家裡或是個人工作室完成縫製，不過史考特說：「若是在美國生產，盯著生產過程不要出亂子容易多了。」雖然有些成衣廠老闆抱怨政府太過嚴苛的勞動法規讓他們失去競爭力，但是我認為適時監督成衣業的勞動狀態是必要的，否則根據歷史資料顯示，成衣業的工作環境會很快惡化。

接下來，讓我們談談價格議題。我不打算長篇大論鼓吹回家翻箱倒櫃，檢視衣櫥裡的襪子、內衣與T恤，然後幡然悔悟地走上慎選衣著的道路，改用不同的治裝角度從基本款、內衣褲開始買起。當然啦，除非你負擔得起也願意這麼做的話。我也沒打算告訴你，從現在開始就替家裡五歲的孩子換上美國本地生產、比較貴的衣服，然後幾個月後因為孩子長大穿不下而報廢。我認為阿塔葛西亞成衣廠能夠成功的原因之一是放棄追隨時尚趨勢，只專心生產基本款的衣服。以T恤這種人人買得起的衣服為例，開發中國家的成衣廠如果能提供生活工資並採用公平貿易原則的話，由他們生產大量、實用性的衣服仍不失為最佳方式，我由衷希望這類給付生活工資的成衣廠也能提供基本款服飾，包括襪子、內衣、牛仔褲，甚至是低價位的冬裝外套與膠鞋。

至於該如何在時尚產業中突顯慎選衣著的優勢？或許從「穿著可以展現自我風格」說起，從中體會為什麼應該花比較多錢買少一點的衣服。我們的花費一定與收入有關，這樣的連結最終將反應社會的貧富差距。穆迪研究機構不久前有一份報告提到，如果美國人願意多花百分之一價格購買美國服飾，將創造二十萬個就業機會。我告訴麥格瑞格以前不會花超過三十美元購買上衣，她聽了只發出「哇」一聲。用這麼少錢買衣服就無法讓縫製、銷售衣服的人獲得水準以上的經濟所需。相較於窮忙族的平價時尚服飾店銷售員，麥格瑞格的銷售員薪資就高一點，因為他們的服飾訂價約五十美元到三百美元。如果我們把治裝當成投資而不是隨手可拋的趕時髦商品，這個價格就不是那麼難以接受。

買一件衣服要花多少錢？

然而，到底花多少錢買一件衣服叫做太貴呢？這個答案除了要以個人收入與財務狀況加以衡量外，也要看買衣服的目的是要自用還是要送人，或是為全家人添購衣服。我不再購買平價服飾後，在住家附近精品店買了一兩件獨立設計工作室的衣服，真的滿傷錢的。有一次我買絲質、無袖、連身七分裙的洋裝，標價二百美元，結帳時再三猶豫，不斷反問自己是否真的那麼喜歡這件洋裝，是否會時常穿？買衣服這件事居然讓我需要財務分析。

我訪問過的時尚界人士，他們認為要根據對環境衝擊有限的生產規模、高品質的縫紉水準，以及支付員工較優的薪資，來判斷一件衣服的合理價位。合理價位本身就是一個語意不明的問題，會隨我們所指涉的服飾項目變化。冬裝外套的合理價位顯然與運動短褲相去甚遠，所以沒有人可以直接了當地給答案就不讓人意外了。根本的做法應該從教育消費者開始，讓消費者了解什麼才是水準以上的縫紉品質與布料材質，才能據以判斷自己是真的買到好衣服還是受騙了。如果消費者都懂得其中的關鍵，服飾零售業者的訂價一定會更加謹慎，價位高低也將與衣服的工藝水準相對應。

客製化的衣服或是精緻的洋裝，一定比流行服飾店的衣服貴，如果你打算買一件頂級、有創意的衣服，或是僅此一件別無雷同的衣服，你大概要花好幾百美元，但還是低於普拉達之類的名牌。這才是我們應該珍惜、應該花錢去買的衣服。別忘了，如果你是在精品店挑選衣服，你花錢的同時也肯定背後的設計師。童叟無欺的零售業者在訂價時會誠實反映服飾本身與縫紉工藝在內的真正價值，不會像奢侈品商家讓你亂花錢。

與EPIC合作的設計師願意公開存貨狀況、主動建議售價，並將自己收取的毛利率開誠布公，因此消費者不用擔心EPIC會用離譜的高毛利突顯衣服的尊貴。史考特說：「店裡最貴的產品都是最耗工費時、複雜度高的服飾，訂價高一點也是合理。」Kaight店裡也有高價位服飾，不過只限於製作成本偏高、作工複雜的服飾，而且消費者都能接受這樣的訂價，負責人說：「當顧客越來越熟悉某些品牌，他們就越能感受商標背後所代表的高品質，要說服顧客為這類衣服多花一點錢，也就不會很困難。」消費者應該深入了解價格背後代表的意義，為了消弭價格與價值的差異，時尚產業必須資訊透明化。

如果你是平價時尚的愛好者，從現在開始多用心挑選數量少一點、品質高一點的服飾，並不會對你的支出造成多大改變。我現在每年的治裝費未超過以往的水準，但是能買到的衣服不論精緻度或是搭配性都好很多。我認為，平常把錢省下來，花在外套、鞋子、西裝外套，才能叫做精打細算。在這類服飾多花錢代表你可以買到更精緻、更合身、更不會退流行的款式，就沒必要常常花錢買新的。

我覺得急著把流行趨勢穿上身的結果，其實跟想讓自己更亮眼是風馬牛不相及的兩件事。現在流行寬鬆、蓬蓬裝就不太適合我，更早之前流行長版、垂掛式上衣也不適合我。跟流行趨勢保持距離，讓我越來越懂得什麼樣的剪裁才符合自己。這並不表示我已經是流行趨勢的絕緣體，有時候流行風格還是會讓我著迷，譬如九〇年代外觀清爽的極簡風。不過我會先去慈善二手商店挑選流行款式，因為現在的流行款式經常重新改款或是很快退流行。我並沒有針對連鎖服飾店、折扣量飯店，或是無意間駐足的平價時尚店採取嚴格、不容分說的戒律，但是只要減少光顧這些店家的頻率，所產生的壓力就足以讓時尚界自覺。不論我們在哪裡買衣服，最重要的是一定要選購最優質的產品，充分發揮衣服的效益，並妥善照料這些衣服。

修理鞋子的風氣也有必要提振，不只是可以幫助在地的小攤商，也因為光是替換鞋跟、鞋底就能有效延長鞋子的使用年限。我第一次換鞋跟是在二〇一〇年冬天。以往只要鞋底有破洞，甚至有些沒穿過的鞋子都會打包送去救世軍捐贈中心，然後再買新鞋子。現在不一樣了，我在電話簿上找尋位在布魯克林的修鞋店，略帶懷疑地打電話問店家：你們有換鞋跟嗎？我以為自己的問題如同：你們有賣獨角獸的那支角嗎？一樣荒誕不經，但電話那頭的修鞋匠沒好氣地回我：什麼意思？我連忙說有雙黑色小牛皮短靴的鞋跟斷了，結果他拉高音量告訴我：妳需要買新的鞋跟，然後掛上電話。

修鞋子的問題出在買新鞋的花費實在太低了。我曾經花五十美元買一雙人工皮、橡膠底，車工與黏著都不高明的靴子，之後也才穿六個月，鞋面便浮現詭異的灰色斑點，鞋底也脫落，不過我已經決定要送修，當我從修鞋店取回鞋子時，整雙鞋子外觀無暇的程度讓我傻眼。修鞋匠在鞋面上油，讓鞋皮看起來黑得發亮，新的鞋跟、鞋底也比原先厚實牢靠，要說修好的鞋子比新買的還好也不誇張。之後我又拿另一雙失去光彩、已經退流行尖頭鞋送修，這一次他們手藝之巧讓我讚不絕口，不過店家也建議我以後改穿咖啡色或黑色、更耐穿的圓頭靴或戰鬥靴。

以下這個觀點說起來令人發噱，不過每個人都應該扮演衣服管家的角色，有義務在衣服使用年限的不同階段做好照料工作，甚至從沒穿過的衣服，你也有義務確保它們不會被當成垃圾丟掉。我們應該盡力維持衣服的良好狀態，讓它的下一位主人可以直接穿上。如果要捐贈或是轉賣，一樣要負起清潔與修補的責任。去年秋天我把幾件冬裝外套從收納箱取出，花了好幾天反覆試穿，然後問自己：要不要把內襯的缺口縫一縫？如果把這些外套改短，我會不會想要穿？有時候，不再喜歡穿的外套會給我答案：事實上我可能從來沒有喜歡它。

消費者現在已開始用個人化的方式定義時尚，設計師將工作室與零售區域整合成新型態店面，可以讓消費者現場試穿設計師手工打造的成衣。洛杉磯銀湖區附近有一家服飾店，裡面所有衣服都是現場手工製作，顧客也可以要求修改，我自己就在那裡挑了一件絲質絹印上衣請店家改短。該服飾店還備有典雅的針織衫，可以依顧客要求印上圖案或調整袖子長短。慎選衣著的中心思想就是由消費者決定、動手，看到有人因為靠自己而獲得啟發，總是充滿樂趣。

當他人好奇打量我身上的衣服時，我不會再說：那是無意間買來，或是：只花二十美元。如果對方有時間，我可以從美國成衣業、紡織業的狀況說起，告訴他們美國還是有人在生產高品質、製作精美的衣服。我可以與他們分享自己修改衣服、自己動手做的經驗，提醒他們衣服的料子有多麼重要，甚至把當地我喜愛的設計師推薦給他們。

如果有更多人重拾以往對衣服的想法，接下來會發生什麼事？衣服的價值肯定會再次浮現，而且我們也應該讓衣服成為有價值的商品。平價服飾對投入產業的設計、縫製、銷售人員不但是蔑視，也是工藝水準、華麗作工被抹滅的悲劇結果，不斷追尋所謂划算交易的消費者，也扼殺時尚潮流的潛在發展可能。

我很清楚自己不會再回到以前穿著打扮的方式，也不會再去以前習以為常的店家買衣服，因為現在當我走過H＆M、Old Navy或是標靶的店面時，已經能看清楚以前當成時尚聖地的地方究竟是怎麼一回事。

當我們有能力辨認衣服的成份、所選的布料、從工廠到衣櫥的過程後，我們就很難再把這些衣服當成可以隨手拋棄的消耗品，相反地，我們會開始想要擁有獨特的衣服，享受平價服飾無法提供的高工藝水準與高級布料。如果消費者在選購衣服時能擺脫血拼的心態，我們將會看見自己可以用更有內涵、讓人更賞心悅目的方式打扮自己。

Earth ⑰

快時尚　慢消費：正視平價時尚背後的浪費、剝削和不環保，學習穿出自我風格而不平庸

Overdressed: The Shockingly High Cost of Cheap Fashion

作　　者—伊莉莎白・克萊（Elizabeth L. Cline）
譯　　者—陳以禮
主　　編—王瑤君
封面設計—東喜設計公司
美術編輯—楊珮琪
製作總監—蘇清霖
董　事　長
總　經　理—趙政岷
出　版　者—時報文化出版企業股份有限公司
10803台北市和平西路三段二四〇號七樓
發行專線—（〇二）二三〇六—六八四二
讀者服務專線—〇八〇〇—二三一—七〇五
（〇二）二三〇四—七一〇三
讀者服務傳真—（〇二）二三〇四—六八五八
郵撥—一九三四四七二四時報文化出版公司
信箱—台北郵政七九～九九信箱
時報悅讀網—http://www.readingtimes.com.tw
電子郵箱—history@readingtimes.com.tw
法律顧問—理律法律事務所　陳長文律師、李念祖律師
印　　刷—勁達印刷有限公司
初版一刷—二〇一三年十二月六日
二版一刷—二〇一七年九月二十二日
定　　價—新台幣三二〇元
（缺頁或破損的書，請寄回更換）

時報文化出版公司成立於一九七五年，
並於一九九九年股票上櫃公開發行，於二〇〇八年脫離中時集團非屬旺中，
以「尊重智慧與創意的文化事業」為信念。

國家圖書館出版品預行編目（CIP）資料

快時尚　慢消費：正視平價時尚背後的浪費、剝削和不環保,學習穿出自我風格而不平庸 / 伊莉莎白.克萊(Elizabeth L. Cline)著；陳以禮譯. -- 二版. -- 臺北市：時報文化, 2017.09
面；　公分. --（Earth；17）
譯自：Overdressed : the shockingly high cost of cheap fashion
ISBN 978-957-13-7135-1（平裝）

1.成衣業　2.消費　3.時尚

488.98　　106015714

ISBN 978-957-13-7135-1
Printed in Taiwan